国家“双高计划”特色教材

冶金单元设备操作实训

主　编　杨桂生　李亚东
副主编　张金梁　保思敏　蒋国祥

哈尔滨工程大学出版社
Harbin Engineering University Press

内容简介

本书是依据8套典型的冶金单元操作设备而编写的新型活页式教材,内容包括传热操作实训、干燥操作实训、精馏操作实训、蒸发操作实训、流体输送操作实训、过滤操作实训、萃取操作实训、间歇反应釜操作实训,旨在提高学生实践操作的能力。

本书可作为高等职业院校冶金技术专业的教材,也可作为相关企业的培训资料,还可作为相关工程技术人员及生产管理人员的参考书。

图书在版编目(CIP)数据

冶金单元设备操作实训/杨桂生,李亚东主编. —
哈尔滨:哈尔滨工程大学出版社,2023.12
ISBN 978-7-5661-4200-9

Ⅰ. ①冶… Ⅱ. ①杨… ②李… Ⅲ. ①冶金-技术
Ⅳ. ①TF1

中国国家版本馆 CIP 数据核字(2024)第 005966 号

冶金单元设备操作实训
YEJIN DANYUAN SHEBEI CAOZUO SHIXUN

选题策划 田 婧
责任编辑 章 蕾
封面设计 李海波

出版发行 哈尔滨工程大学出版社
社　　址 哈尔滨市南岗区南通大街 145 号
邮政编码 150001
发行电话 0451-82519328
传　　真 0451-82519699
经　　销 新华书店
印　　刷 哈尔滨午阳印刷有限公司
开　　本 787 mm×1 092 mm 1/16
印　　张 7.25
字　　数 197 千字
版　　次 2023 年 12 月第 1 版
印　　次 2023 年 12 月第 1 次印刷
书　　号 ISBN 978-7-5661-4200-9
定　　价 32.80 元
http://www.hrbeupress.com
E-mail:heupress@hrbeu.edu.cn

前　言

职业教育的根本目标是培养有较强实际动手能力和职业精神的技能型人才，而设备操作实训是培养实践操作能力的关键。传统的实验课程更多的是验证实验的原理，缺乏对学生实际动手能力的培养。冶金单元操作设备，具有现代工厂情景，可实现对实际生产现场的模拟，能够增强学生发现、分析和解决问题的能力。因此，编者根据冶金单元操作设备的实际情况，按照中国特色高水平高职学校和专业建设任务安排，编写了此书。

本书除了使用新型的活页式的装订方式外，还配套了微课视频、动画等数字资源，使学生能更快地掌握设备的工艺流程、操作步骤、故障处理等，最大限度地提升教学效率，更好地培养学生的实践动手能力。

本书共 8 章，内容包括传热操作实训、干燥操作实训、精馏操作实训、蒸发操作实训、流体输送操作实训、过滤操作实训、萃取操作实训、间歇反应釜操作实训。在编写过程中，本书注意内容的选取，力求实用、全面、通俗易懂，同时注重理论与实际的结合，并突出基本理论、基本知识、基本操作技能的讲解，着力反映行业特点。

本书由昆明冶金高等专科学校的杨桂生、李亚东担任主编，张金梁、保思敏、蒋国祥担任副主编。全书由杨桂生负责统稿和定稿。

本书的编写得到了昆明冶金高等专科学校冶金与矿业学院和辽宁向日葵教育科技有限公司的大力支持，同时参考了许多文献资料，在此向这些单位和文献资料的作者表达真挚的谢意。

扫描下方二维码下载并安装 launcher_new_kmyj1013. apk，即可扫描并学习书中所提供的视频及动画资源。

由于编者水平有限，书中难免有错误之处，恳请读者批评指正。

杨桂生

2023 年 7 月

目　　录

1 传热操作实训

1.1 实训目的及任务

1.1.1 目的

1. 按照传热实训设备的开机前检查与准备、开机、正常工况巡检、停机及故障处理等相关安全规程、设备规程、技术规程的要求，掌握传热实训设备的开机前检查与准备、开机、停机及故障处理等的操作技能。

2. 操作过程中能按照实训规程，控制好温度、流量、压力等参数，以获得较好的技术经济指标。

3. 能按照要求填写各种生产原始记录及设备运行记录。

1.1.2 任务

1. 能按要求准备好实训所需的材料。
2. 能按开机要求进行系统安全检查。
3. 能按开机要求进行系统试运行。
4. 能做好供冷、热风，循环水的准备工作。
5. 能按安全技术操作规程正确进行开机作业。
6. 能按安全技术操作规程正确进行正常工况巡检作业。
7. 能读懂各种仪表显示数据。
8. 能填写各种生产原始记录。
9. 能操作分散控制系统（DCS）对设备参数进行调控。
10. 能填写设备运行记录。

1.2 工业背景

传热过程即热量传递过程。在工业生产过程中,几乎所有的化学反应过程都需要控制温度范围,涉及传热过程,即将物料加热或冷却到一定的温度。例如,冶金反射炉在熔炼过程中,物料的加热就需要通过炉气与物料之间的传热来实现;火法冶金炉窑为了保证炉墙的使用寿命,也需要通过间壁换热的方式,将炉窑内部多余的热量通过炉墙外侧的水套内的冷却水带走。

1.3 实训工艺流程及设备

1.3.1 实训工艺流程

传热实训工艺流程示意图如图 1-1 所示。

从冷风风机 C601 出来的冷风经水冷却器 E604 及其旁路控温后,分为四路:第一路进入列管式换热器 E603 的管程,与热风换热后放空;第二路经板式换热器 E602,与热风换热后放空;第三路经套管式换热器 E601 内管,与水蒸气换热后放空;第四路经列管式换热器 E603 管程后,再进入板式换热器 E602,与热风换热后放空。

【视频 1:传热实训工艺流程简介】

从热风风机 C602 出来的热风经热风加热器 E605 加热后,分为三路:第一路进入列管式换热器 E603 的壳程,与冷风换热后放空;第二路进入板式换热器 E602,与冷风换热后放空;第三路经列管式换热器 E603 壳程换热后,再进入板式换热器 E602,与冷风换热后放空。

从蒸汽发生器 R601 出来的蒸汽,经套管式换热器 E601 的外管与内管的冷风换热后排空。其中,热风进入列管式换热器 E603 的壳程分为两种形式,即与冷风并流或逆流。

1.3.2 实训装置的布置

传热实训装置立面布置图如图 1-2 所示,现场图如图 1-3 所示。本实训装置由浙江中控科教仪器设备有限公司生产。

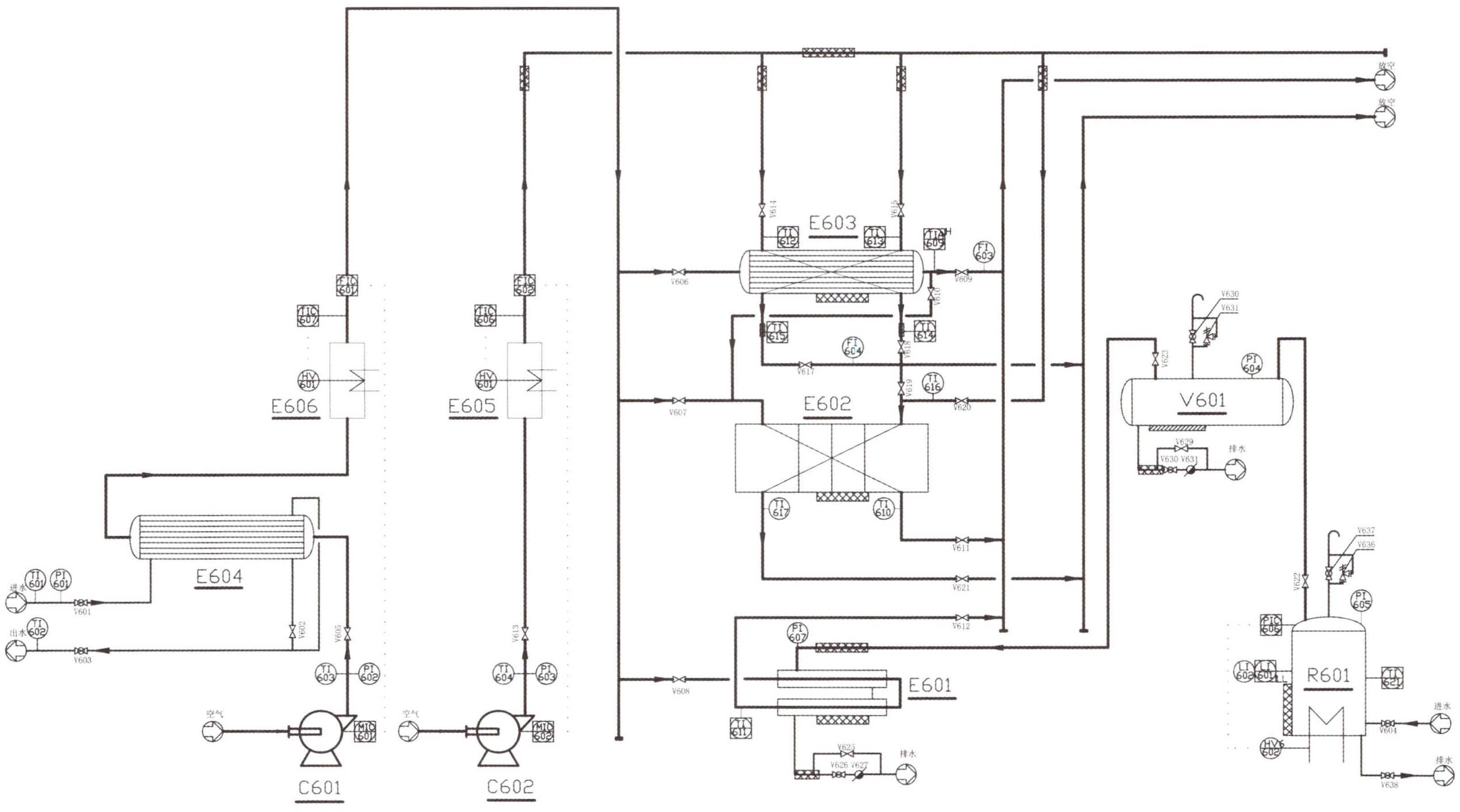

C601—冷风风机；C602—热风风机；E601—套管式换热器；E602—板式换热器；E603—列管式换热器；
E604—水冷却器；E605—热风加热器；E606—冷风加热器；V601—汽包；R601—蒸汽发生器。

图 1-1 传热实训工艺流程示意图

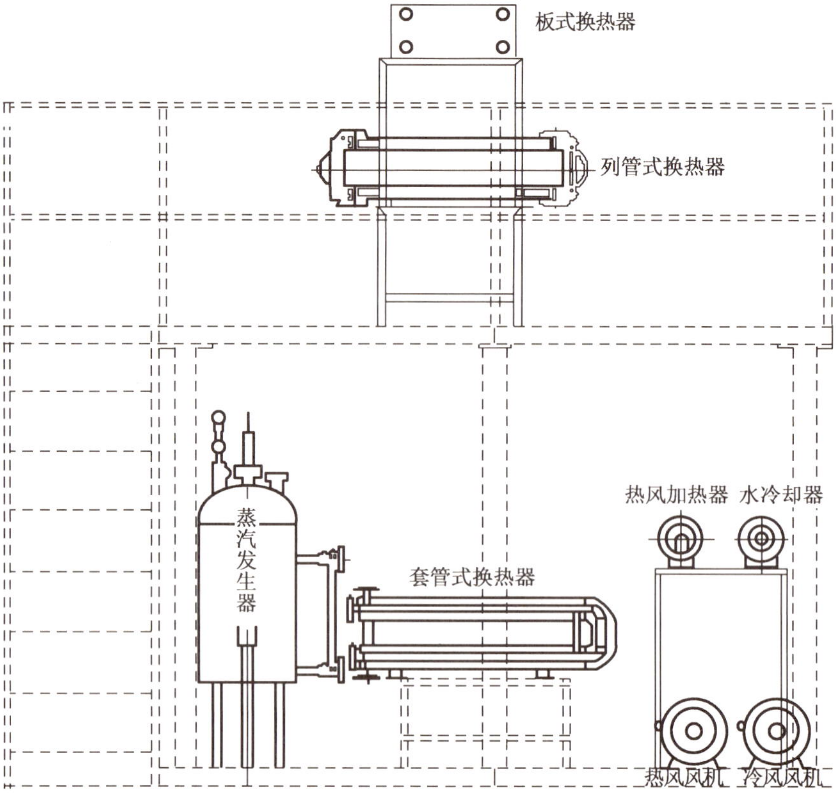

图 1-2 传热实训装置立面布置图

图 1-3 传热实训装置现场图

1.3.3 实训设备

传热实训静设备一览表见表 1-1，动设备一览表见表 1-2。

表 1-1 传热实训静设备一览表

编号	名称	材质	规格	数量/台
1	列管式换热器	不锈钢	ϕ260 mm×1 170 mm,面积 F=1.0 m^2	1
2	板式换热器	不锈钢	ϕ550 mm×150 mm×250 mm,面积 F=1.0 m^2	1
3	套管式换热器	不锈钢	ϕ500 mm×1 250 mm,面积 F=0.2 m^2	1
4	水冷却器	不锈钢	ϕ108 mm×1 180 mm,面积 F=0.3 m^2	1
5	蒸汽发生器(含汽包)	不锈钢	ϕ426 mm×870 mm, 加热功率 P=7.5 kW,有安全阀	1
6	热风加热器	不锈钢	ϕ190 mm×1 120 mm, 加热功率 P=4.5 kW	1

表 1-2 传热实训动设备一览表

编号	名称	规格	数量/个
1	热风风机	风机功率 P=1.1 kW,流量 Q_{max}=180 m^3/h,电压 U=380 V	1
2	冷风风机	风机功率 P=1.1 kW,流量 Q_{max}=180 m^3/h,电压 U=380 V	1

1.3.4 实训工艺操作指标

工业生产对各工艺变量有一定的控制要求,有些工艺变量对产品的数量和质量起着决定性的作用;有些工艺变量虽不直接影响产品的数量和质量,但保持其状态的平稳却是使生产获得良好控制的前提。例如,蒸汽发生器的压力控制对套管式换热的效果起着很重要的作用。

为了满足实训操作的需求,控制有两种类型:一是人工控制;二是自动控制。自动控制是使用自动化仪表等控制装置来代替人的观察、判断、决策和操作。

先进的控制策略在工业生产过程中,能够有效提高生产过程的平稳性和产品质量的合格率,对于降低生产成本、节能减排降耗、提高企业的经济效益具有重要意义。

1. 压力控制:蒸汽发生器内压力为 0~0.04 MPa,套管式换热器内压力为 0~0.02 MPa。

2. 温度控制:热风加热器出口热风温度为 90~120 ℃,水冷却器出口冷风温度为 30~40 ℃, 列管式换热器冷风出口温度为 40~50 ℃,高位报警时的温度为 100 ℃。

3. 流量控制:冷风流量为 15~40 m^3/h,热风流量为 15~40 m^3/h。

4. 液位控制:蒸汽发生器液位为 0~500 mm,低位报警时的液位为 400 mm。

1.4 实训操作步骤

传热实训操作之前,要仔细阅读实训装置操作规程,以便完成实训操作。传热实训操作界面图如图 1-4 所示,控制面板示意图如图 1-5 所示,控制面板对照表见表 1-3。

注:开车前应检查所有设备、阀门、仪表等所处的状态。

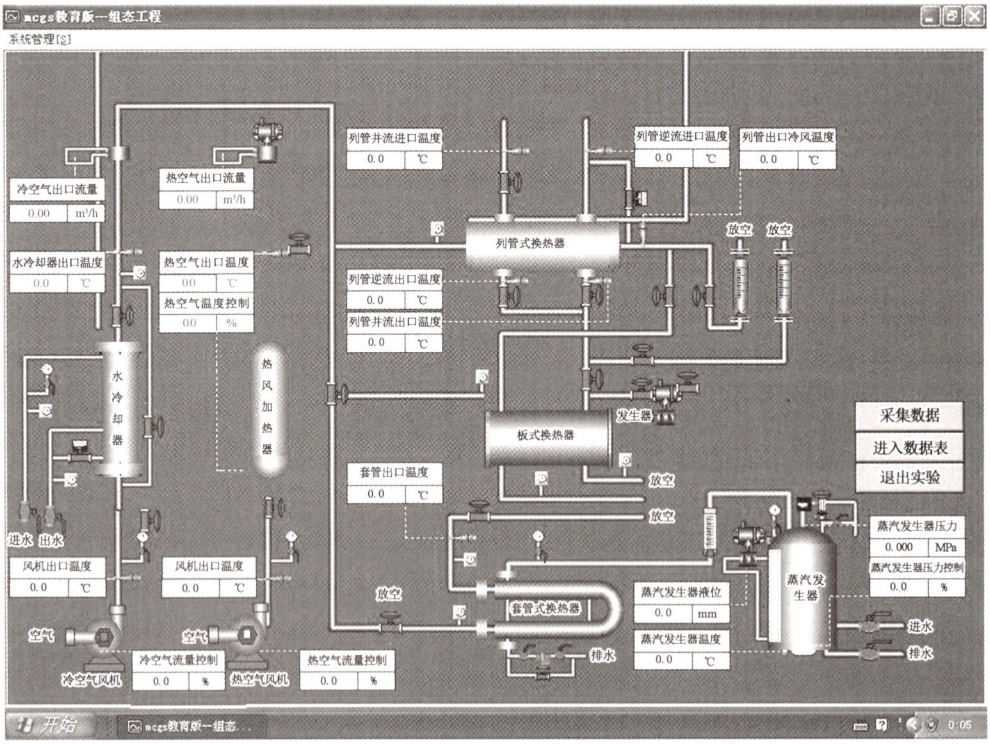

图 1-4　传热实训操作界面图

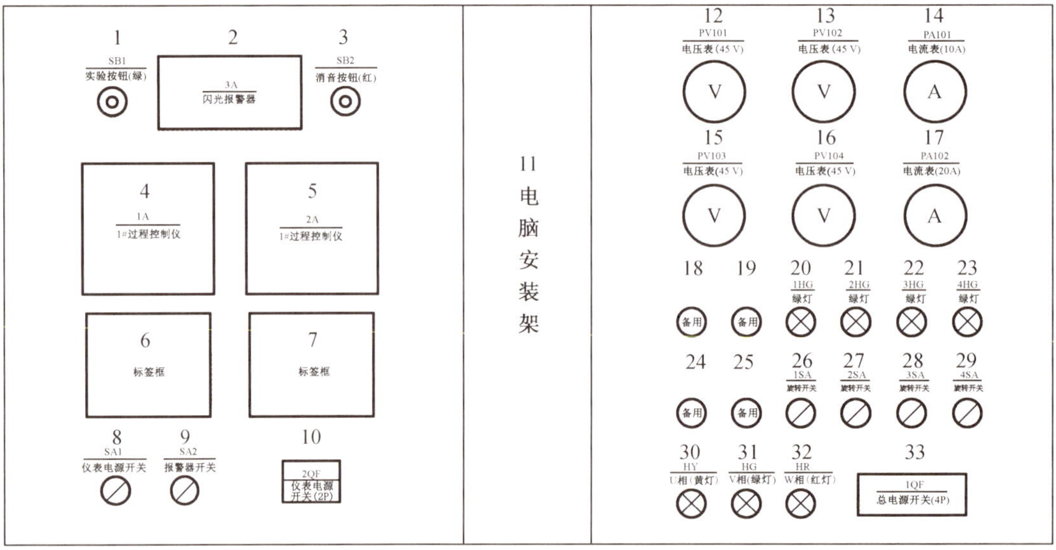

图 1-5　传热实训控制面板示意图

表 1-3 传热实训控制面板对照表

序号	名称	功能
1	实验按钮(绿)(SB1)	切换实验状态
2	闪光报警器(3A)	发出报警信号,提醒操作人员
3	消音按钮(红)(SB2)	消除警报声音
4	1#过程控制仪(1A)	工艺参数的远传显示、操作
5	2#过程控制仪(2A)	工艺参数的远传显示、操作
6	标签框	注释仪表通道控制内容
7	标签框	注释仪表通道控制内容
8	仪表电源开关(SA1)	仪表电源开关
9	报警器开关(SA2)	报警系统电源开关
10	仪表电源开关(2P)(2QF)	装置仪表电源总开关
11	电脑安装架	安装电脑
12	电压表(45 V)(PV101)	热风加热器加热 U、V、A 相电压
13	电压表(45 V)(PV102)	热风加热器加热 V、A、W 相电压
14	电流表(10 A)(PA101)	热风加热器加热电流
15	电压表(45 V)(PV103)	蒸汽发生器加热 U、V、A 相电压
16	电压表(45 V)(PV104)	蒸汽发生器加热 V、A、W 相电压
17	电流表(20 A)(PA102)	蒸汽发生器加热电流
18	—	备用
19	—	备用
20	绿灯(1HG)	冷风风机运行状态指示
21	绿灯(2HG)	热风风机运行状态指示
22	绿灯(3HG)	热风加热状态指示
23	绿灯(4HG)	蒸汽加热状态指示
24	—	备用
25	—	备用
26	旋转开关(1SA)	冷风风机运行开关
27	旋转开关(2SA)	热风风机运行开关
28	旋转开关(3SA)	热风加热运行开关
29	旋转开关(4SA)	蒸汽加热运行开关
30	U 相(黄灯)(HY)	空气开关通电状态指示
31	V 相(绿灯)(HG)	空气开关通电状态指示
32	W 相(红灯)(HR)	空气开关通电状态指示
33	总电源开关(4P)(1QF)	电源总开关

1.4.1 开车前准备

1. 由相关操作人员组成装置检查小组，对本装置所有设备（如管道、阀门、仪表、电气、照明设备、保温设备等）按工艺流程图要求和专业技术要求进行检查。

2. 检查所有仪表是否处于正常状态。

3. 检查所有设备是否处于正常状态。

4. 试电。

（1）检查外部供电系统，确保控制柜上所有开关均处于关闭状态。

（2）开启总电源开关。

（3）打开控制柜上总电源开关（4P）（1QF）33。

（4）打开装置上的仪表电源开关（2P）（2QF）10 和仪表电源开关（SA1）8，查看所有仪表是否有电，指示是否正常。

（5）将各阀门顺时针旋转操作到关的状态。

5. 准备原料。接通自来水管，打开阀门 V32，向蒸汽发生器内通入自来水，至其正常液位的 1/2～2/3 处。

【视频 2：传热实训操作 1】

1.4.2 开车

1. 启动热风风机，调节其流量为某一实验值，开启热风风机出口阀 V05，以及列管式换热器的热风进、出口阀和放空阀（V15、V18、V20），启动热风加热器（首先在 C3000 上手动控制加热功率大小，待温度缓慢升高到实验值时，调为自动，其具体操作方法见附录），控制热空气温度稳定在 90～120 ℃。

2. 启动蒸汽发生器的电加热装置，调节合适的加热功率，控制蒸汽压力（0.02～0.04 MPa）（首先在 C3000 上手动控制加热功率大小，待压力缓慢升高到实验值时，调为自动，其具体操作方法见附录）。

3. 列管式换热器开车。

（1）设备预热。依次开启列管式换热器热风进、出口阀和放空阀（V15、V18、V20），关闭其他与列管式换热器相连接管路的阀门，通入热风，待热风进、出口温度基本一致时，开始进行下一步操作。

（2）并流操作。

①依次开启列管式换热器冷风进、出口阀（V08、V11），热风进、出口阀和放空阀（V15、V18、V20），关闭其他与列管式换热器相连接管路的阀门。

②启动冷风风机，调节其流量为某一实验值，开启冷风风机出口阀 V04，水冷却器空气出口阀 V07，列管式换热器冷风进、出口阀（V08、V11），自来水进、出口阀（V01、V03），通过阀门 V01 调节冷却水流量，通过阀门 V06 控制冷空气温度，使其稳定在 30～50 ℃（其控温方法为手动）。

③调节热风进口流量为某一实验值，使热风进口温度（控制在 90～120 ℃）稳定，调节

热风加热器加热功率,控制热风出口温度。

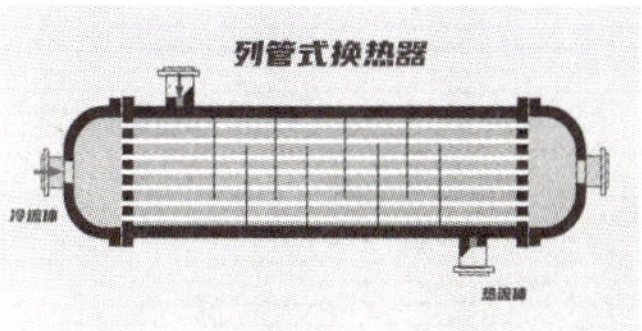

【动画 1:列管式换热器并流换热】

④待冷、热风进出口温度基本恒定时,可认为换热过程基本平衡,并记录相应的工艺参数。

⑤以冷风或热风的流量作为恒定量,改变另一介质的流量,从小到大,记录 3~4 组数据,做好操作记录。

⑥关闭相应的操作阀门。

(3)逆流操作。

①依次开启列管式换热器冷风进、出口阀(V08、V11),热风进、出口阀和放空阀(V16、V19、V20),关闭其他与列管式换热器相连接管路的阀门。

②启动冷风风机,调节其流量为某一实验值,开启冷风风机出口阀 V04,水冷却器空气出口阀 V07,列管式换热器冷风进、出口阀(V08、V11),自来水进、出口阀(V01、V03),通过阀门 V01 调节冷却水流量,通过阀门 V06 控制冷空气温度,使其稳定在 30~50 ℃(其控温方法为手动)。

③调节热风进口流量为某一实验值,使热风进口温度(控制在 90~120 ℃)稳定,调节热风加热器加热功率,控制热风出口温度。

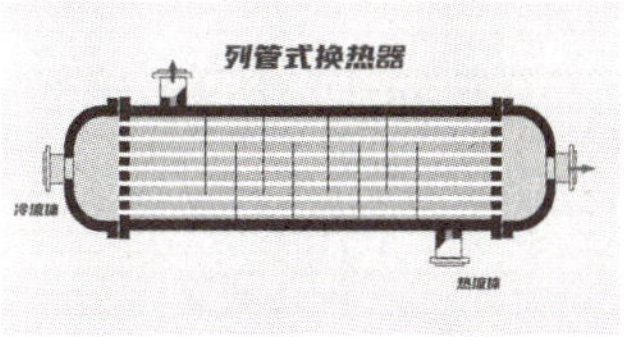

【动画 2:列管式换热器逆流换热】

④待冷、热风进出口温度基本恒定时,可认为换热过程基本平衡,并记录相应的工艺参数,做好操作记录。

⑤以冷风或热风的流量作为恒定量,改变另一介质的流量,从小到大,记录 3~4 组数据,做好操作记录。

⑥关闭相应的操作阀门。

4. 板式换热器开车。

(1)依次开启板式换热器热风进、出口阀(V22、V23),关闭其他与板式换热器相连接管路的阀门,通入热风,待热风进、出口温度基本一致时,开始下一步操作。

(2)依次开启板式换热器冷风进、出口阀(V09、V13),热风进、出口阀(V22、V23),关闭其他与板式换热器相连接管路的阀门。

(3)启动冷风风机,调节其流量为某一实验值,开启冷风风机出口阀 V04,水冷却器空气出口阀 V07,板式换热器冷风进、出口阀(V09、V13),自来水进、出口阀(V01、V03),通过阀门 V01 调节冷却水流量,通过阀门 V06 控制冷空气温度,使其稳定在 30~50 ℃(其控温方法为手动)。

(4)调节热风进口流量为某一实验值,使热风进口温度(控制在 90~120 ℃)稳定,调节热风加热器加热功率,控制热风出口温度。

(5)待冷、热风进出口温度基本恒定时,可认为换热过程基本平衡,并记录相应的工艺参数,做好操作记录。

(6)以冷风或热风的流量作为恒定量,改变另一介质的流量,从小到大,记录 3~4 组数据,做好操作记录。

(7)关闭相应操作阀门。

【视频 3:传热实训操作 2】

5. 列管式换热器(并流)与板式换热器串联开车。

(1)依次开启列管式换热器、板式换热器热风进、出口阀(V15、V18、V22、V23),关闭其他与列管式换热器、板式换热器相连接管路的阀门,通入热风,待热风进、出口温度基本一致时,开始下一步操作。

(2)依次开启列管式换热器和板式换热器冷风进、出口阀(V08、V11 、V09、V13),热风进、出口阀(V15、V18、V22、V23),关闭其他与列管式换热器、板式换热器相连接管路的阀门。

(3)启动冷风风机,调节其流量为某一实验值,开启冷风风机出口阀 V04,水冷却器空气出口阀 V07,列管式换热器冷风进、出口阀(V08、V11),自来水进、出口阀(V01、V03),通过阀门 V01 调节冷却水流量,通过阀门 V06 控制冷空气温度稳定在 30~50 ℃(其控温方法为手动)。

(4)调节热风进口流量为某一实验值,使热风进口温度(控制在 90~120 ℃)稳定,调节热风加热器加热功率,控制热风出口温度。

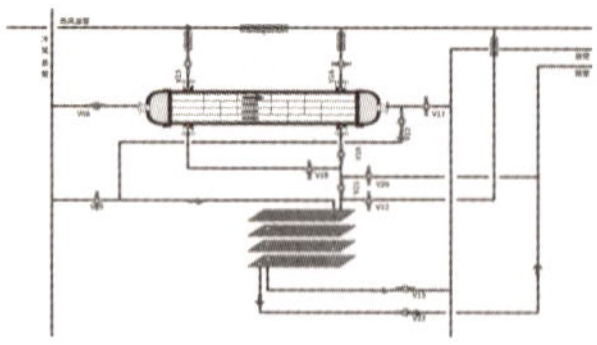

【动画3:列管式换热器(并流)与板式换热器串联换热】

(5)待冷、热风进出口温度基本恒定时,可认为换热过程基本平衡,并记录相应的工艺参数,做好操作记录。

(6)以冷风或热风的流量作为恒定量,改变另一介质的流量,从小到大,记录 3~4 组数据,做好操作记录。

(7)关闭相应操作阀门。

6. 列管式换热器(逆流)与板式换热器并联开车。

(1)依次开启列管式换热器、板式换热器热风进、出口阀(V16、V19、V22、V23),关闭其他与列管式换热器、板式换热器相连接管路的阀门,通入热风,待热风进、出口温度基本一致时,开始下一步操作。

(2)依次开启列管式换热器和板式换热器冷风进、出口阀(V08、V11、V09、V13),热风进、出口阀(V16、V19、V22、V23),关闭其他与列管式换热器(逆流)、板式换热器相连接管路的阀门。

(3)启动冷风风机,调节其流量为某一实验值,开启冷风风机出口阀 V04,水冷却器空气出口阀 V07,列管式换热器冷风进、出口阀(V08、V11),自来水进、出口阀(V01、V03),通过阀门 V01 调节冷却水流量,通过阀门 V06 控制冷空气温度,使其稳定在 30~50 ℃(其控温方法为手动)。

(4)调节热风进口流量为某一实验值,使热风进口温度(控制在 90~120 ℃)稳定,调节热风加热器加热功率,控制热风出口温度。

(5)待冷、热风进出口温度基本恒定时,可认为换热过程基本平衡,并记录相应的工艺参数,做好操作记录。

(6)以冷风或热风的流量作为恒定量,改变另一介质的流量,从小到大,记录 3~4 组数据,做好操作记录。

(7)关闭相应操作阀门。

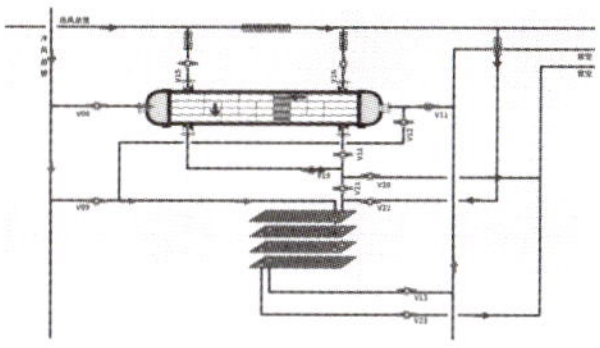

【视频 4:传热实训操作 3】

【动画 4:列管式换热器(逆流)与板式换热器并联换热】

7. 套管式换热器开车。

(1)依次开启套管式换热器蒸汽进、出口阀(V28、V29、V25、V26、V27),关闭其他与套管式换热器相连接管路的阀门,通入水蒸气,待蒸汽发生器内温度和套管式换热器冷风出口温度基本一致时,开始下一步操作。

注意:首先打开阀门 V28,再缓慢打开阀门 V29,观察套管式换热器进口压力,将其控制在 0.02 MPa 左右。

(2)控制蒸汽发生器加热功率,保证其压力和液位在实验范围内,注意调节阀门 V29,控制套管式换热器内蒸汽压力为 0~0.02 MPa 的某一恒定值。

(3)打开套管式换热器冷风进口阀 V10、出口阀 V14,启动冷风风机,调节其流量为某一实验值,开启冷风风机出口阀 V04,水冷却器空气出口阀 V07,自来水进、出口阀(V01、V03),通过阀门 V01 调节冷却水流量,通过阀门 V06 控制冷空气温度,使其稳定在 30~50 ℃(其控温方法为手动)。

(4)待冷风进、出口温度和套管式换热器内蒸汽压力基本恒定时,可认为换热过程基本平衡,并记录相应的工艺参数,做好操作记录。

(5)以套管式换热器内蒸汽压力作为恒定量,改变冷风流量,从小到大,记录 3~4 组数据,并做好操作记录。

(6)关闭相应操作阀门。

1.4.3 停车

1. 停止蒸汽发生器电加热器运行,关闭蒸汽进口阀(V28、V29),开启蒸汽发生器放空阀 V30,开启套管式换热器疏水阀组旁路阀 V24,将蒸汽系统压力卸除。

2. 停止热风加热器的运行。

3. 继续大流量运行冷风风机和热风风机,当冷风风机出口总管温度接近常温时,停冷风,停冷风风机出口冷却器冷却水;当热风风机出口总管温度低于 60 ℃时,停止热风风机的运行。

【视频 5:传热实训操作 4】

4. 将套管式换热器残留的水蒸气冷凝液排净。

5. 装置系统温度降至常温后,关闭系统所有阀门。

6. 清理现场,做好设备、管道、阀门维护工作。

7. 切断控制台、仪表盘电源。

1.4.4 正常操作注意事项

1. 经常检查蒸汽发生器运行状况，注意水位和蒸汽压力变化。蒸汽发生器水位不得低于 200 mm，如有异常现象，应及时处理。

2. 经常检查风机的运行状况，注意电机的温升情况。

3. 不得干烧蒸汽发生器，热风加热器运行时，空气流量不得低于 10 m^3/h，热风加热器停止运行时，温度不得超过 60 ℃。

4. 在换热器操作中，首先通入热风或水蒸气对设备进行预热，待设备热风进、出温度基本一致时，再开始传热操作。

5. 做好操作巡检工作。

1.4.5 设备维护及检修

1. 检查风机的开、停，正常操作及日常维护。

2. 系统运行结束后，相关操作人员应对设备进行维护，保持现场、设备、管路、阀门清洁，方可离开现场。

3. 定期组织学生进行系统检修演练。

1.4.6 异常现象及处理

传热实训装置异常现象及处理见表 1-4。

表 1-4 传热实训装置异常现象及处理

异常现象	原因	处理方法
水冷却器的冷空气进出温差小，出口温度高	水冷却器冷却量不足	加大自来水开度
换热器换热效果下降	换热器内不凝气体集聚或冷凝液集聚；换热器管内、外严重结垢	排放不凝气体或冷凝液；对换热器进行清洗
换热器发生振动	冷流体或热流体流量过大	调节冷流体或热流体流量
蒸汽发生器系统安全阀起跳	超压；蒸汽发生器内液位偏低，缺水	立即停止蒸汽发生器电加热装置，手动放空，严重缺水时（液位计上看不到液位），停止电加热器加热，打开蒸汽发生器放空阀，不得往蒸汽发生器内补水

1.4.7 正常操作中的故障扰动（故障设置实训）

在传热实训正常操作中，教师给出隐蔽指令，通过不定时改变某些阀门、加热器或风机的工作状态来扰动传热系统正常的工作状态，分别模拟实际生产操作过程中的常见故障。学生根据各参数的变化情况、设备运行异常现象，分析故障原因，找出故障并动手排除故障，以提高学生对工艺流程的认识度和实际动手能力。

1. 水冷却器出口冷风温度异常：在传热实训正常操作中，教师给出隐蔽指令，改变冷却水的流向（打开冷却水出口电磁阀 V02，使冷却水短路）。学生通过观察出口冷风温度、冷却水压力等的变化，分析系统异常的原因并做处理，使系统恢复到正常操作状态。

2. 蒸汽冷凝水系统异常：在传热实训正常操作中，教师给出隐蔽指令，改变套管式换热器蒸汽疏水阀组的工作状态（关闭冷凝水疏水阀 V26）。学生通过观察套管式换热器温度、压力等的变化，分析系统异常的原因并做处理，使系统恢复到正常操作状态。

3. 列管式换热器冷风出口流量、热风出口流量与进口流量有差异：在传热实训正常操作中，教师给出隐蔽指令，改变列管式换热器热风逆流进口的工作状态（打开旁路电磁阀 V17，使部分热风不经换热直接随冷风排出）。学生通过观察冷风、热风经过换热前后流量，冷风出口温度的变化，分析系统异常的原因并做处理，使系统恢复到正常操作状态。

1.5　实训组织安排

传热实训组织安排如下。

每班分成 6~8 组，每组 6~8 人，设备开关、DCS 控制、仪表读数及记录、冷风操作（进口阀、出口阀、放空阀）、热风操作（进口阀、出口阀、放空阀）、循环水操作岗位及指挥组长各一人。

1.6　实训报告要求

1. 简述传热实训的目的及任务、工业背景、操作过程。

2. 以小组为单位填写传热实训记录表（表 1-5）。

表 1-5　传热实训记录表

年　　月　　日

序号	时间	打开阀门	冷风系统				热风系统			冷风进口温度/℃	冷风出口温度/℃	热风进口温度/℃	热风出口温度/℃
			水冷却器进口压力	阀门开度/%	风机出口流量/($m^3 \cdot h^{-1}$)	出口流量/($m^3 \cdot h^{-1}$)	热风加热器的开度/%	风机出口流量/($m^3 \cdot h^{-1}$)	出口流量/($m^3 \cdot h^{-1}$)				
1													

表 1-5(续)

2													
3													
4													
5													
6													
操作记事													
异常情况记录													
操作人:							指导教师:						

2 干燥操作实训

2.1 实训目的及任务

2.1.1 目的

1. 按照干燥实训设备的开机前检查与准备、开机、正常工况巡检、停机及故障处理等相关安全规程、设备规程、技术规程的要求，掌握干燥实训设备开机前检查与准备、开机、停机及故障处理等的操作技能。

2. 操作过程中能按照实训规程，控制好温度、流量、压力等参数，以获得较好的技术经济指标。

3. 能按照要求填写各种生产原始记录及设备运行记录。

2.1.2 任务

1. 能按要求准备好实训所需的材料。

2. 能按开机要求进行系统安全检查。

3. 能按开机要求进行系统试运行。

4. 能做好进料前的准备工作。

5. 能按安全技术操作规程正确进行开机作业。

6. 能按安全技术操作规程正确进行正常工况巡检作业。

7. 能读懂各种仪表显示数据。

8. 能填写各种生产原始记录。

9. 能操作 DCS 对设备参数进行调控。

10. 能填写设备运行记录。

2.2 工业背景

干燥是利用热能使湿物料中的湿分(水或其他溶剂)汽化,水汽或蒸汽经气流带走或由真空泵将其抽出以除去,从而获得所需湿度固体物料产品的操作。流化床是一种较为常用的干燥设备,适合进行大批量、连续性、全封闭的操作,在化工、医药行业受到青睐。

这里考虑到学校和社会的实际需求,选用小米(或其他)-水-空气组成干燥物系,选用卧式流化床进行干燥实训装置设计。

2.3 实训工艺流程及设备

2.3.1 实训工艺流程

干燥实训工艺流程示意图如图2-1所示。

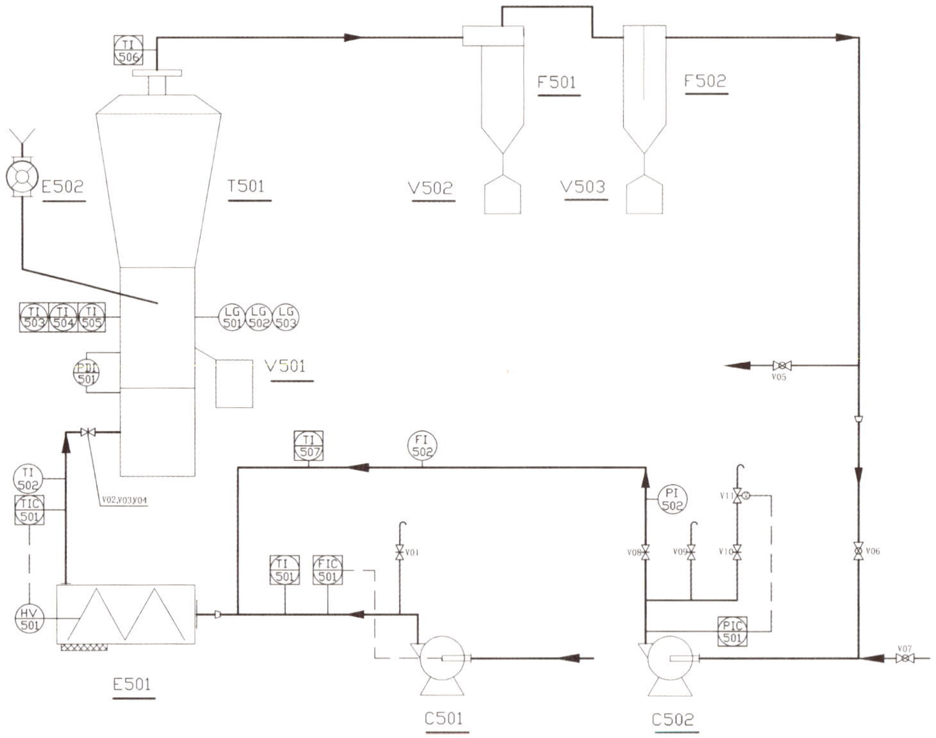

E501—电加热炉;E502—星形下料器;T501—卧式流化床;C501—鼓风机;C502—循环风机;
V501—干燥出料槽;V502、V503—粉尘接收器;F501—旋风分离器;F502—布袋分离器。

图2-1 干燥实训工艺流程示意图

空气由鼓风机 C501 送到电加热炉 E501,经加热后分别进入卧式流化床 T501 的三个气体分配室,然后进入卧式流化床 T501 床体将热能提供给固体湿物料,同时移走物料中的水汽,经卧式流化床 T501 上部扩大部分沉降分离固体物后,经旋风分离器 F501、布袋分离器 F502 分级除尘后放空,或由循环风机 C502 提高压力后,送入卧式流化床 T501 的三个气体分配室,作为补充气体和热能回收利用。

【视频 6:干燥实训工艺流程简介】

固体湿物料由星形下料器 E502 加入,经星形下料器 E502 控制流量后进入卧式流化床 T501,经热空气流化干燥后由出料口排入产品料仓。

2.3.2 实训装置的布置

干燥实训装置立面布置图如图 2-2 所示,现场图如图 2-3 所示。本实训装置由浙江中控科教仪器设备有限公司生产。

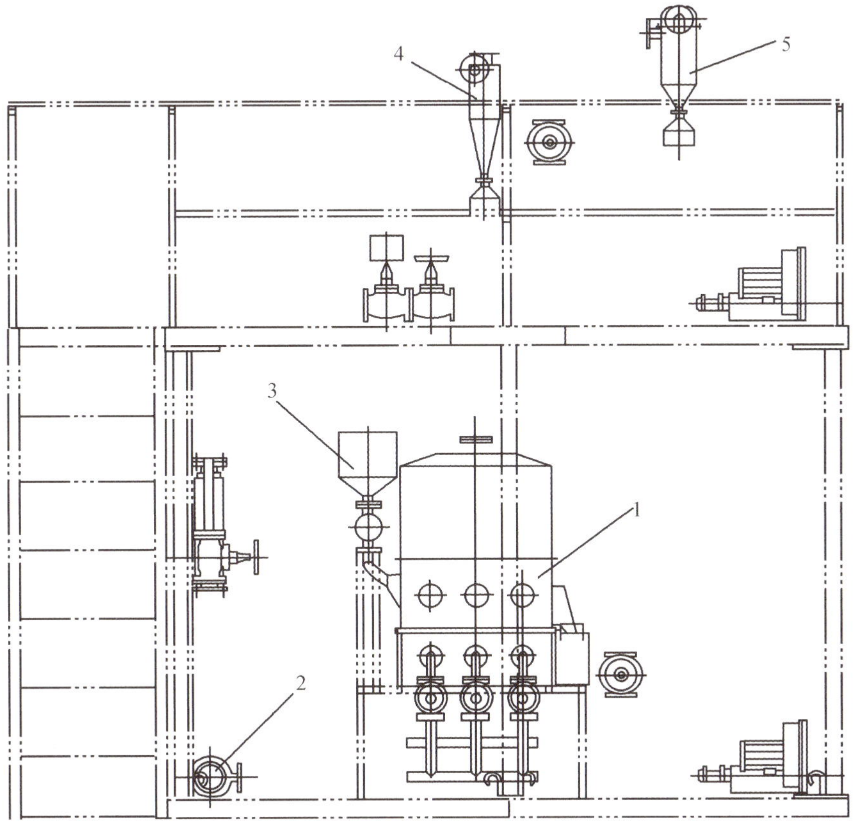

1—卧式流化床;2—电加热炉;3—星形下料器;

4—旋风分离器;5—布袋分离器。

图 2-2 干燥实训装置立面布置图

图 2-3　干燥实训装置现场图

2.3.3　实训设备

干燥实训静设备一览表见表 2-1，动设备一览表见表 2-2。

表 2-1　干燥实训静设备一览表

序号	名称	材质	规格	备注
1	卧式流化床	304 不锈钢	650 mm×390 mm×1 080 mm	—
2	电加热炉	304 不锈钢	ϕ190 mm×1 120 mm	内加翅片式加热管
3	旋风分离器	304 不锈钢	ϕ120 mm×650 mm	锥形结构
4	布袋分离器	304 不锈钢	160 mm×160 mm×60 mm	100 目袋滤器
5	星形下料器	304 不锈钢	ϕ240 mm×200 mm	—

表 2-2　干燥实训动设备一览表

名称	规格	型号
气体出口风机	旋涡式风机 电源：380 V/50 Hz；功率：1 100 W；最大风压：22 kPa； 真空度：-18 kPa；最大风量：180 m^3/h	HG-1100-C
气体进口风机	旋涡式风机 电源：380 V/50 Hz；功率：1 100 W；最大风压：22 kPa； 真空度：-18 kPa；最大风量：180 m^3/h	HG-1100-C

2.3.4　实训工艺操作指标

在生产中，对各工艺变量有一定的控制要求。有些工艺变量对产品的数量和质量起着决定性的作用。有些工艺变量虽不直接影响产品的数量和质量，但保持其状态的平稳却是使生产获得良好控制的前提。例如,床层的温度和压差对干燥效果能起到很重要的作用。

为了满足实训操作的需求,控制有两种类型:一是人工控制;二是自动控制。自动控制是使用自动化仪表等控制装置来代替人的观察、判断、决策和操作。

先进的控制策略在生产过程中,能够有效提高生产过程的平稳性和产品质量的合格率,对于降低生产成本、节能减排降耗、提升企业的经济效益具有重要意义。

各项工艺操作控制指标如下。

1. 物料:小米或密度为 1.0~1.2 g/cm^3、粒径为 1~2 mm 的其他固体物料(物料的湿含量为 20%~30%)。

2. 卧式流化床进气温度:70~80 ℃;卧式流化床内温度:50~80 ℃。

3. 卧式流化床层压降:≤0.3 kPa。

4. 新鲜空气流量:80~120 m^3/h;循环空气流量:60~100 m^3/h。

5. 星形下料器转速:200~400 r/min。

6. 尾气放空量:适量(由物料湿度决定)。

2.4 实训操作步骤

干燥实训操作之前,要仔细阅读实训装置操作规程,以便完成实训操作。干燥实训操作界面图如图 2-4 所示,控制面板示意图如图 2-5 所示,控制面板对照表见表 2-3。

注:开车前应检查所有设备、阀门、仪表等所处的状态。

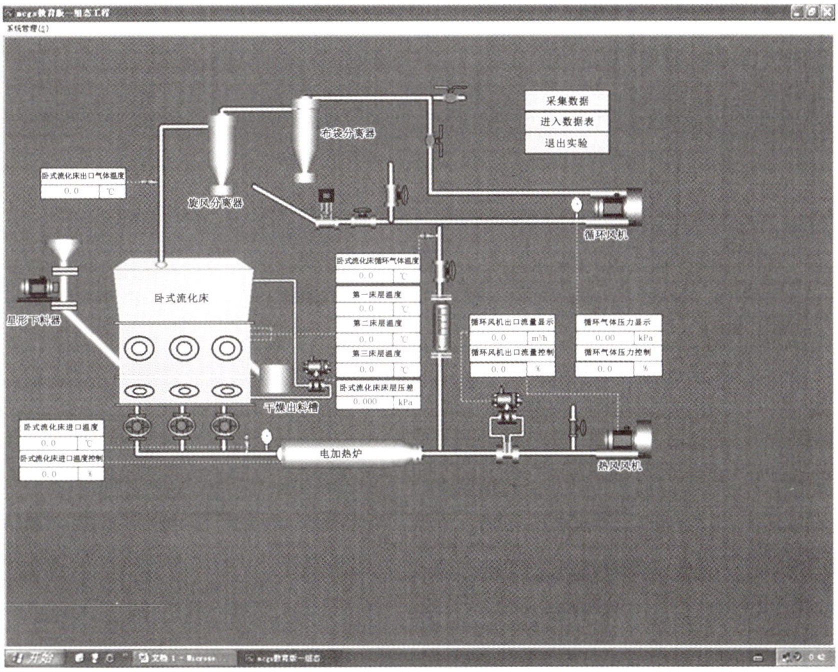

图 2-4 干燥实训操作界面图

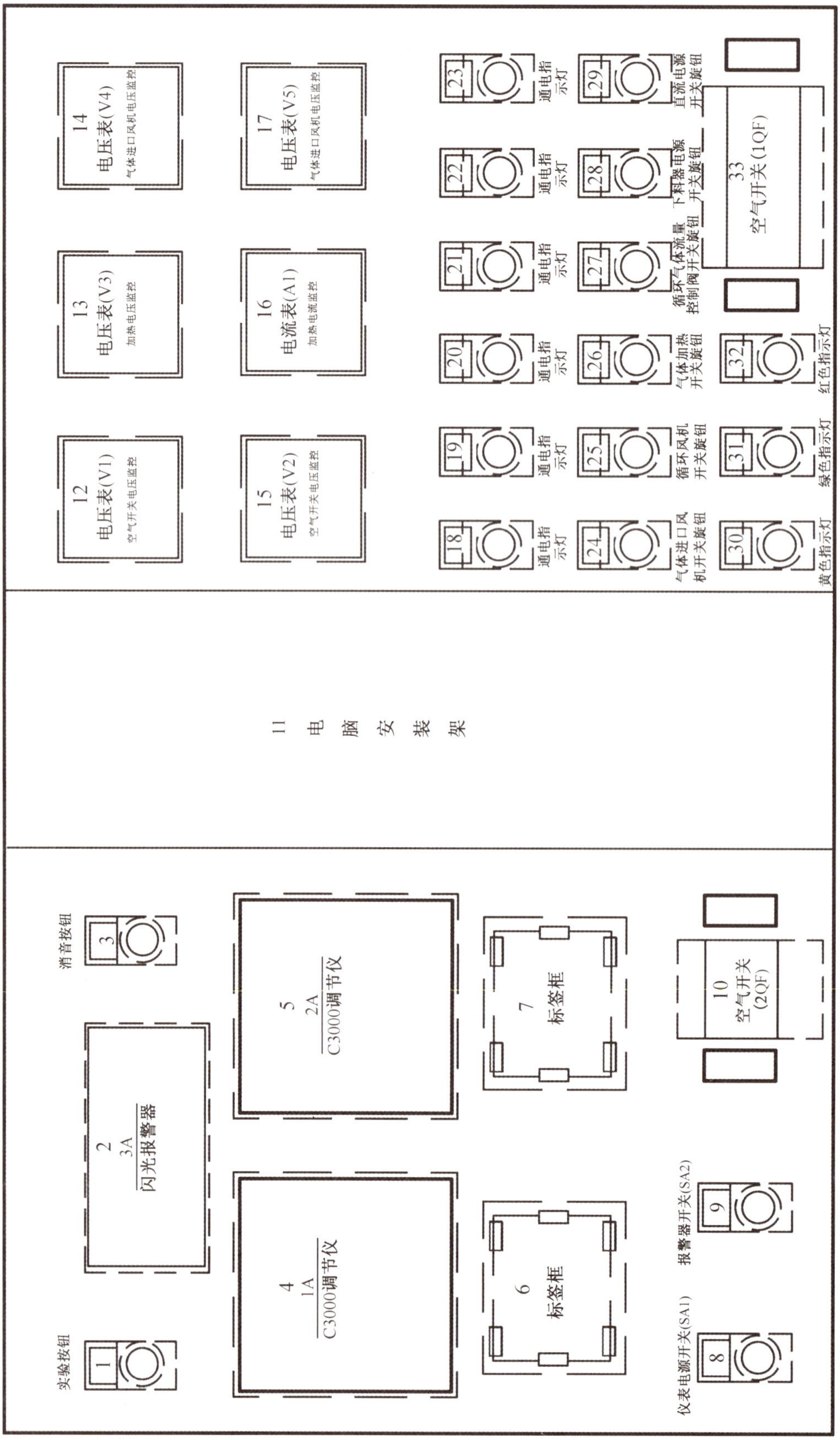

图 2-5　干燥实训控制面板示意图

表 2-3 干燥实训控制面板对照表

序号	名称	功能
1	实验按钮	切换实验状态
2	闪光报警器(3A)	发出报警信号,提醒操作人员
3	消音按钮	消除报警声音
4	C3000 调节仪(1A)	显示操作
5	C3000 调节仪(2A)	显示操作
6	标签框	注释仪表通道控制内容
7	标签框	注释仪表通道控制内容
8	仪表电源开关(SA1)	仪表电源开关
9	报警器开关(SA2)	报警系统电源开关
10	空气开关(2QF)	装置仪表电源总开关
11	电脑安装架	安装电脑
12	电压表(V1)	空气开关电压监控
13	电压表(V3)	加热电压监控
14	电压表(V4)	气体进口风机电压监控
15	电压表(V2)	空气开关电压监控
16	电流表(A1)	加热电流监控
17	电压表(V5)	气体进口风机电压监控
18	通电指示灯	气体进口风机通电指示
19	通电指示灯	循环风机通电指示
20	通电指示灯	气体加热通电指示
21	通电指示灯	循环气体流量控制阀通电指示
22	通电指示灯	下料器通电指示
23	通电指示灯	直流电源通电指示
24	气体进口风机开关旋钮	气体进口风机电源开关
25	循环风机开关旋钮	循环风机电源开关
26	气体加热开关旋钮	气体加热电源开关
27	循环气体流量控制阀开关旋钮	循环气体流量控制阀电源开关
28	下料器电源开关旋钮	下料器电源开关
29	直流电源开关旋钮	直流电源开关
30	黄色指示灯	空气开关通电状态指示
31	绿色指示灯	空气开关通电状态指示
32	红色指示灯	空气开关通电状态指示
33	空气开关(1QF)	电源总开关

2.4.1 开车前准备

1. 由相关操作人员组成装置检查小组，对本装置所有设备（如管道、阀门、仪表、电气、照明设备、保温设备等）按工艺流程图要求和专业技术要求进行检查。

2. 检查所有仪表是否处于正常状态。

3. 检查所有设备是否处于正常状态。

4. 试电。

(1)检查外部供电系统，确保控制柜上所有开关均处于关闭状态。

(2)开启外部供电系统总电源开关。

(3)打开控制柜上空气开关(1QF)33。

(4)打开直流电源开关旋钮 29、空气开关(2QF)10 及仪表电源开关(SA1)8，查看所有仪表是否上电，指示是否正常。

(5)将各阀门顺时针旋转操作到关的状态。

5. 准备原料。

配制物料 5~10 kg，物料为小米或密度为 1.0~1.2 kg/m^3、粒径为 1~2 mm 的其他固体物料（物料的湿含量为 20%~30%）。

2.4.2 开车

1. 依次打开各床层闸阀(V02、V03、V04)，放空阀 V05。

2. 启动鼓风机，调节新鲜空气流量为 80~120 m^3/h。

3. 开启电加热炉加热开关，即通电指示灯 20，缓慢增加加热功率至 80%。

4. 开启循环气阀 V06 和循环风机抽风阀 V07。

5. 开启鼓风机、循环风机出口放空调节阀 V10，开启循环风机出口放空电动调节阀 V11，阀门 V11 的开度依流化程度进行调节。

6. 全开循环气体流量调节阀 V08，玻璃转子流量计的流量显示为 100 m^3/h 左右。

7. 回流气体流量稳定后，手动控制电加热炉功率，调节卧式流化床进气温度达到 80 ℃左右后切换至自动调节，使其温度稳定在 80 ℃左右。

8. 将配制好的物料加入星形下料器，开启下料器电源开关旋钮 28，加料速度控制在 200~400 r/min，并调节控制好卧式流化床层物料厚度。注意：物料进卧式流化床体初期应根据物料被干燥的状况来控制出料。

9. 调节床层闸阀(V02、V03、V04)的开度，使 3 个床层的温度稳定在 55 ℃左右。

10. 调节电动调节阀开度，使床层压差稳定在 0.20 kPa 左右。

11. 观察流化状态，记录操作报表。

12. 打开收料袋，取料至干燥收料槽。

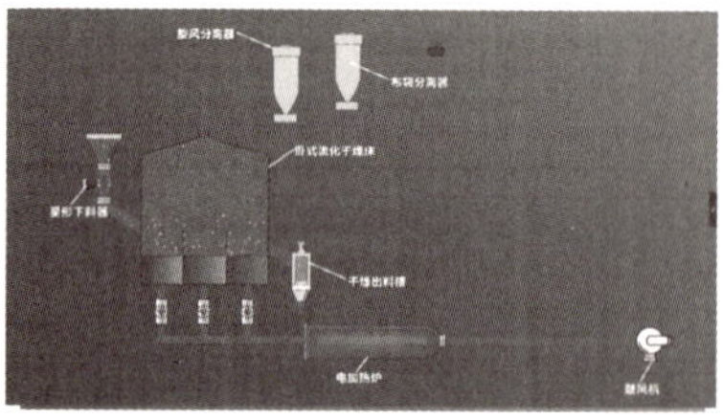

【动画 5：卧式流化床的工作过程】

2.4.3 停车

1. 关闭星形下料器，停止向卧式流化床内进料。
2. 当卧式流化床内物料排净后，关闭气体加热开关旋钮 26。
3. 打开系统放空阀 V05，关闭循环风机进口阀 V06、出口阀 V08，停止循环风机的运行。
4. 当卧式流化床进气温度降到 50 ℃以下时，关闭卧式流化床进气阀（V02、C03、V04），停止鼓风机的运行。
5. 清理干净卧式流化床、旋风分离器、布袋分离器内的残留物。
6. 依次关闭直流电源开关旋钮 29、仪表电源开关（SA1）8、报警器开关（SA2）9 以及空气开关（2QF）10。
7. 关闭控制柜空气开关（1QF）33。
8. 切断总电源。
9. 清理场地。

【视频 7：干燥实训操作】

2.4.4 正常操作注意事项

1. 经常观察床层的物料流动和流化状况，调节相应床层的气体流量和下料速度。
2. 经常检查风机运行状况，注意电机的温升情况。
3. 电加热炉内有流动的气体时才可启动加热系统，鼓风机出口流量不得低于 30 m^3/h，电加热炉停止运行时，温度不得超过 50℃。
4. 做好操作巡检工作。

2.4.5 设备维护及检修

1. 检查风机的开、停，正常操作及日常维护。
2. 系统运行结束后，相关操作人员应对设备进行维护，保持现场、设备、管路、阀门清洁，方可离开现场。
3. 定期组织学生进行系统检修演练。

2.4.6 异常现象及处理

干燥实训装置异常现象及处理见表 2-4。

表 2-4 干燥实训装置异常现象及处理

异常现象	原因	处理方法
床层温度突然升高	空气流量过大或加热过猛	调节空气流量，调低加热电流
床层压降过低	系统加料量过少	加大加料量
床层压降过高	卧式流化床内加料过多	减少加料量
旋风分离器跑料	抽风量太大，旋风分离器被物料堵住	关小抽风机开启度，停车处理旋风分离器

【视频 8:干燥实训工艺操作控制
指标、异常现象及处理】

2.4.7 正常操作中的故障扰动(故障设置实训)

在干燥实训正常操作中,教师给出隐蔽指令,通过不定时改变某些阀门、风机的工作状态来扰动干燥系统正常的工作状态,分别模拟出实际生产过程中的常见故障。学生根据各参数的变化情况、设备运行异常现象,分析故障原因,找出故障并动手排除故障,以提高学生对工艺流程的认识度和实际动手能力。

1. 风量波动大:在干燥实训正常操作中,教师给出隐蔽指令,改变风机后的工作状态(风机后空气放空)。学生通过观察卧式流化床温度、流量和压降等参数的变化情况,分析引起系统异常的原因并做处理,使系统恢复到正常操作状态。

2. 电加热炉断电:在干燥实训正常操作中,教师给出隐蔽指令,改变电加热炉的工作状态(电加热炉断电)。学生通过观察卧式流化床温度、流量和物料干燥度等参数的变化情况,分析引起系统异常的原因并做处理,使系统恢复到正常操作状态。

3. 鼓风机出口无流量显示:在干燥实训正常操作中,教师给出隐蔽指令,改变鼓风机的阀门工作状态。学生通过观察卧式流化床温度、流量和压降等参数的变化情况,分析引起系统异常的原因并做处理,使系统恢复到正常操作状态。

2.5 实训组织安排

干燥实训组织安排如下。

每班分成 6~8 组,每组 6~8 人,设备开关、DCS 控制、仪表读数及记录、卧式流化床进气阀控制、加料、出料、排烟机放空阀操作岗位及指挥组长各 1 人。

2.6 实训报告要求

1. 简述干燥实训的目的及任务、原理、操作过程。

2. 以小组为单位填写干燥实训记录表(表 2-5)。

表 2-5　干燥实训记录表

年　　月　　日

序号	时间	鼓风机出口流量/($m^3 \cdot h^{-1}$)	卧式流化床进口气体温度(现场)/℃	卧式流化床进口气体温度(远传)/℃	第一床层温度/℃	第二床层温度/℃	第三床层温度/℃	卧式流化床出口温度/℃	卧式流化床床层压差/kPa	循环气体流量/($m^3 \cdot h^{-1}$)	循环风机出口压力/kPa	循环气路管道压力/kPa	下料器加料速度/($r \cdot min^{-1}$)
1													
2													
3													
4													
5													
6													
7													
8													
9													
操作记事													
异常情况记录													
操作员：							指导教师：						

3 精馏操作实训

3.1 实训目的及任务

3.1.1 目的

1. 按照精馏实训设备的开机前检查与准备、开机、正常工况巡检、停机及故障处理等相关安全规程、设备规程、技术规程的要求，掌握精馏实训设备的开机前检查与准备、开机、停机及故障处理等的操作技能。

2. 操作过程中能按照实训规程，控制好温度、流量、压力等参数，以获得较好的技术经济指标。

3. 能按照要求填写各种生产原始记录及设备运行记录。

3.1.2 任务

1. 能按要求准备好实训所需的材料。

2. 能按开机要求进行系统安全检查。

3. 能按开机要求进行系统试运行。

4. 能做好进料前的准备工作。

5. 能按安全技术操作规程正确进行开机作业。

6. 能按安全技术操作规程正确进行正常工况巡检作业。

7. 能读懂各种仪表显示数据。

8. 能填写各种生产原始记录。

9. 能操作 DCS 对设备参数进行调控。

10. 能填写设备运行记录。

3.2 工 业 背 景

精馏是分离液体混合物最常用的一种操作，通常在精馏塔中进行，气、液两相通过逆流接触，进行相际传热传质。液相中的易挥发组分进入气相，于是在塔顶冷凝得到几乎纯的易挥发组分，塔底得到几乎纯的难挥发组分。塔顶一部分凝液作为回流液从塔顶返回精馏塔，塔顶回流入塔的液体量和塔顶产品量之比称为回流比，其大小影响了精馏操作的分离效果和能耗。

精馏精炼适用于相互溶解或部分溶解的金属液体，不适用于两种具恒沸点的金属熔体。在有色金属冶金中，精馏成功地用于粗锌的精炼。

根据教学特点，以及降低学生实训过程中的危险性，这里采用水-乙醇精馏体系。

3.3 实训工艺流程及设备

3.3.1 实训工艺流程

精馏实训工艺流程示意图如图 3-1 所示。

1. 常压精馏流程如下。

原料槽 V703 内约 20%的水-乙醇混合液，经原料泵 P702 输送至原料加热器 E701，预热后，由精馏塔中部进入精馏塔 T701，进行分离，气相由塔顶馏出，经冷凝器 E702 冷却后，进入冷凝液槽 V705，经回流泵 P701，一部分送至精馏塔 T701 上部第一块塔板用作回流；另一部分送至塔顶产品槽 V702 作为产品采出。塔釜残液经塔底换热器 E703 冷却后送到残液槽 V701，也可不经换热，直接到残液槽 V701。

2. 真空精馏流程如下。

本实训装置配置了真空流程，主物料流程同常压精馏流程。在原料槽 V703、冷凝液槽 V705、产品槽 V702、残液槽 V701 中均设置抽真空阀，被抽出的系统物料气体经真空总管进入真空缓冲罐 V704，然后由真空泵 P703 抽出放空。

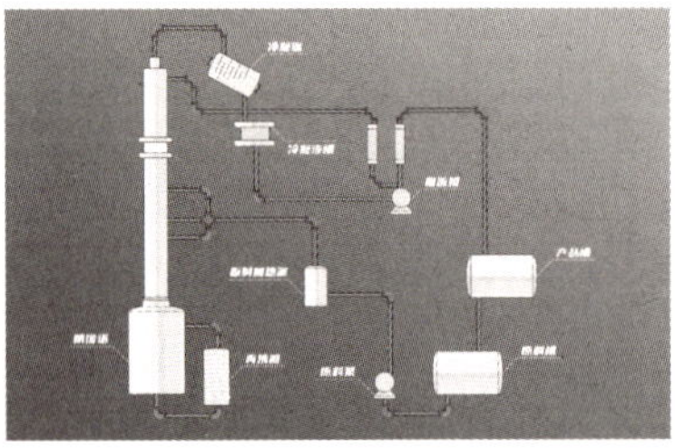

【动画 6：精馏塔内物料的流动分离过程】

【视频 9：精馏实训工艺流程简介】

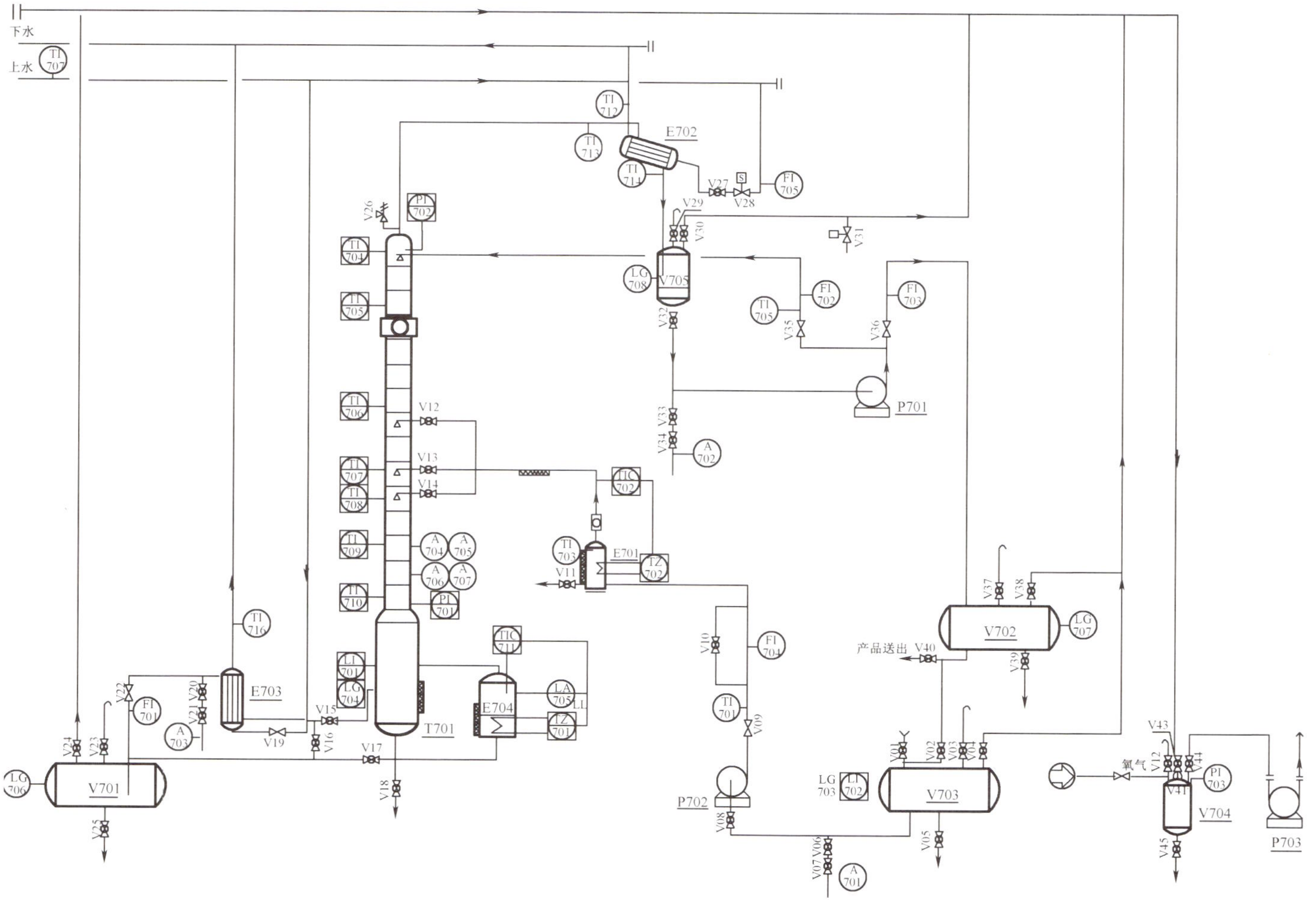

V701—残液槽；V702—产品槽；V703—原料槽；V704—真空缓冲罐；V705—冷凝液槽；P701—回流泵；P702—原料泵；P703—真空泵；E701—原料加热器；E702—冷凝器；E703—塔底换热器；E704—再沸器；T701—精馏塔。

图 3-1 精馏实训工艺流程示意图

3.3.2 实训装置的布置

精馏实训装置立面布置图如图 3-2 所示，现场图如图 3-3 所示。本实训装置由浙江中控科教仪器设备有限公司生产。

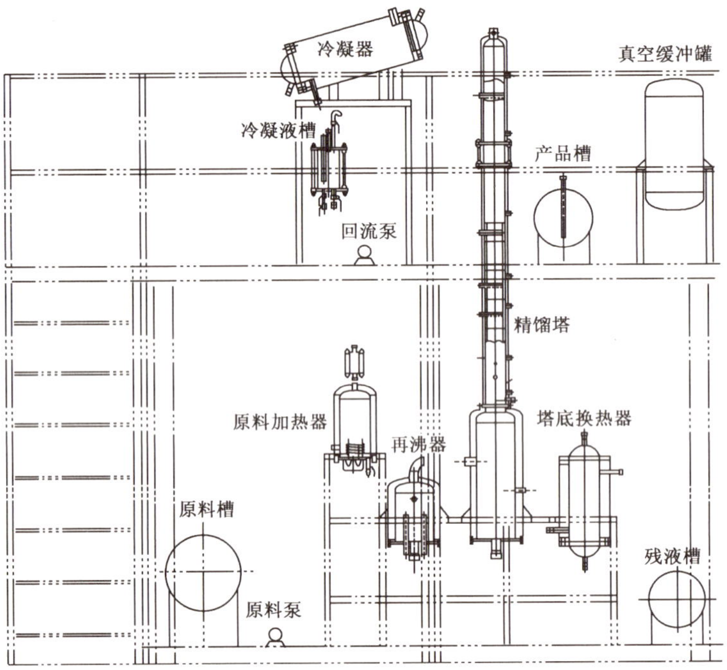

图 3-2 精馏实训装置立面布置图

图 3-3 精馏实训装置现场图

3.3.3 实训设备

精馏实训静设备一览表见表 3-1，动设备一览表见表 3-2。

表 3-1　精馏实训静设备一览表

编号	名称	材质	规格	数量/个
1	残液槽	不锈钢(牌号 SUS304,下同)	ϕ300 mm×680 mm,V=40 L	1
2	产品槽	不锈钢	ϕ300 mm×680 mm,V=40 L	1
3	原料槽	不锈钢	ϕ400 mm×825 mm,V=84 L	1
4	真空缓冲罐	不锈钢	ϕ300 mm×680 mm,V=40 L	1
5	冷凝液槽	—	ϕ108 mm×200 mm,V=1.8 L	1
6	原料加热器	不锈钢	ϕ219 mm×380 mm,V=6.4 L,P=2.5 kW	1
7	冷凝器	不锈钢	ϕ260 mm×780 mm,F=0.7 m^2	1
8	再沸器	不锈钢	ϕ273 mm×380 mm,P=4.5 kW	1
9	塔底换热器	不锈钢	ϕ240 mm×780 mm,F=0.55 m^2	1
10	精馏塔	主体不锈钢 DN100;共 14 块塔板,不锈钢塔釜	ϕ273 mm×680 mm	1

表 3-2　精馏实训动设备一览表

编号	名称	规格	数量/个
1	回流泵	离心泵/齿轮泵	1
2	原料泵	离心泵/齿轮泵	1
3	真空泵	旋片式真空泵(流量为 4 L/s)	1

3.3.4　实训工艺操作指标

1. 温度控制如下。

原料加热器出口温度(具体根据原料的浓度来调整):75~85 ℃,高限报警:H=85 ℃。

再沸器温度(具体根据原料的浓度来调整):80~100 ℃,高限报警:H=100 ℃。

塔顶温度(具体根据产品的浓度来调整):78~80 ℃。

2. 流量控制如下。

冷凝器上冷却水流量:120 L/h。

进料流量:~10 L/h。

回流流量,由塔顶温度控制。

产品流量,由冷凝液槽液位控制。

3. 液位控制如下。

塔釜液位:0~600 mm,高限报警:H=400 mm,低限报警:L=200 mm。

原料槽液位:0~400 mm,高限报警:H=300 mm,低限报警:L=100 mm。

4. 压力控制如下。

系统真空度:-0.04~-0.02 MPa。

5. 质量浓度控制如下。

原料中乙醇含量：~20%。

塔顶产品乙醇含量：~94%。

塔底产品乙醇含量：<5%。

以上浓度分析指标是指在样品冷却后用酒精计进行粗测定的值，若分析方法改变，则应做相应换算。

3.4 实训操作步骤

精馏实训操作之前，要仔细阅读实训装置操作规程，以便完成实训操作。精馏实训操作界面图如图 3-4 所示，控制面板示意图如图 3-5 所示，控制面板对照表见表 3-3。

注：开车前应检查所有设备、阀门、仪表等所处的状态。

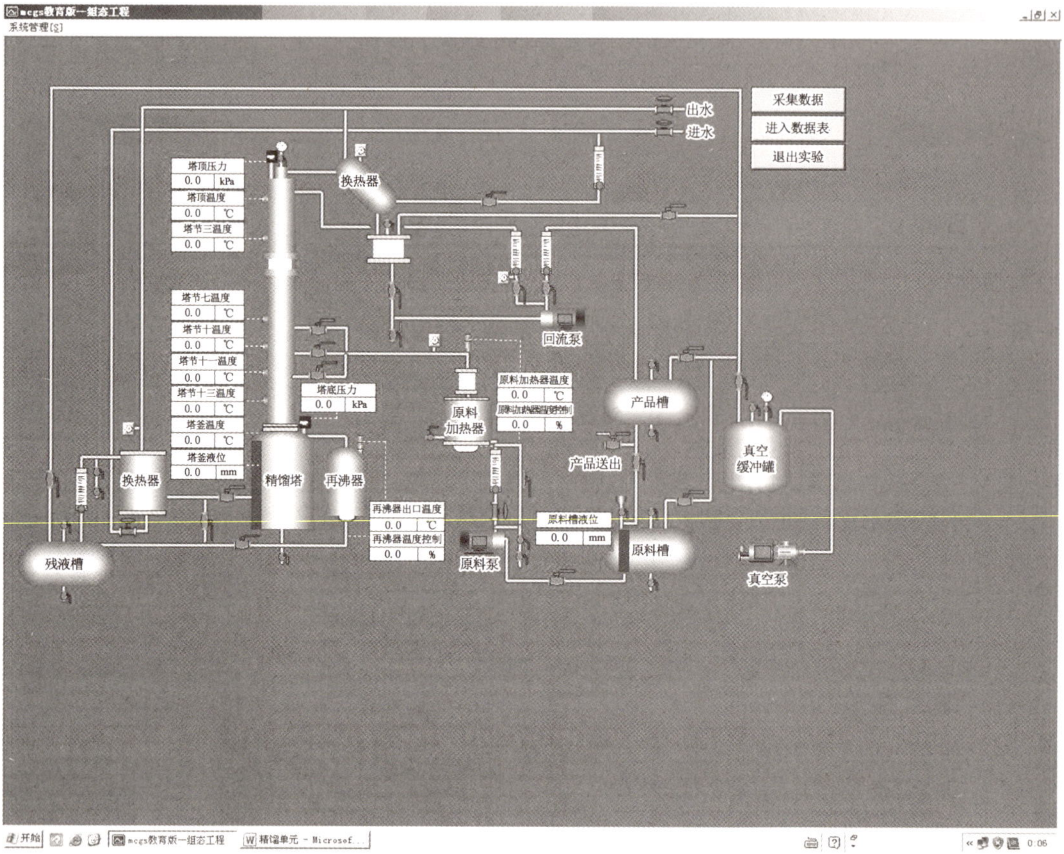

图 3-4　精馏实训操作界面图

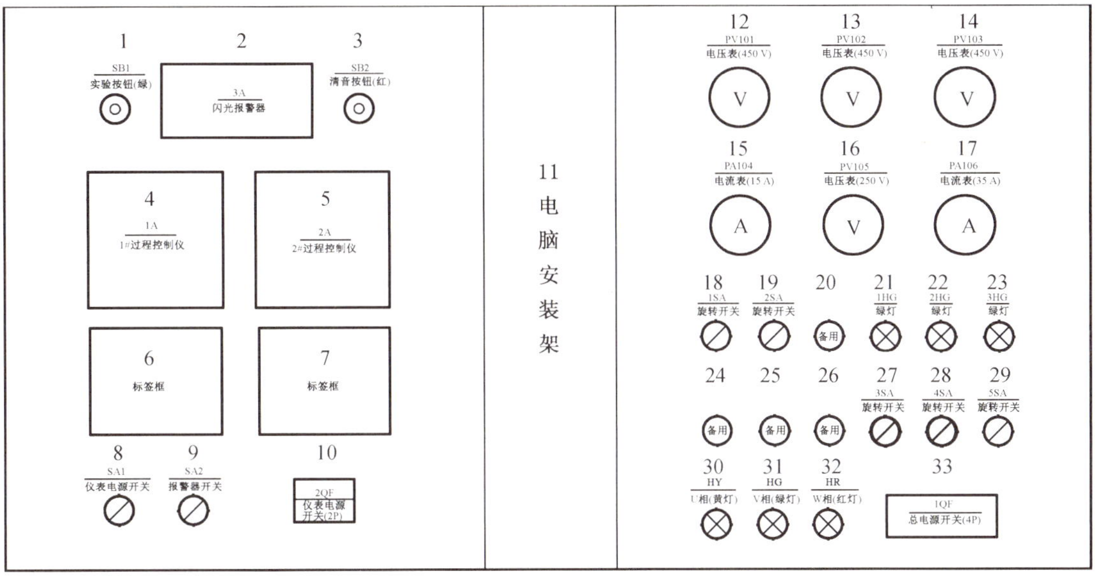

图 3-5　精馏实训控制面板示意图

表 3-3　精馏实训控制面板对照表

序号	名称	功能
1	实验按钮(绿)(SB1)	切换实验状态
2	闪光报警器(3A)	发出报警信号,提醒操作人员
3	清音按钮(红)(SB2)	消除警报声音
4	1#过程控制仪(1A)	工艺参数的远传显示、操作
5	2#过程控制仪(2A)	工艺参数的远传显示、操作
6	标签框	注释仪表通道控制内容
7	标签框	注释仪表通道控制内容
8	仪表电源开关(SA1)	仪表电源开关
9	报警器开关(SA2)	报警系统电源开关
10	仪表电源开关(2P)(2QF)	装置仪表电源总开关
11	电脑安装架	—
12	电压表(450 V)(PV101)	再沸器加热 U、V 相电压
13	电压表(450 V)(PV102)	再沸器加热 V、W 相电压
14	电压表(450 V)(PV103)	再沸器加热 W、U 相电压
15	电流表(15 A)(PA104)	再沸器加热电流
16	电压表(450 V)(PV105)	原料加热器加热电压
17	电流表(35 A)(PA106)	原料加热器加热电流
18	旋转开关(SA1)	再沸器加热电源开关
19	旋转开关(SA2)	原料加热器加热电源开关
20	—	备用

表 3-3(续)

序号	名称	功能
21	绿灯(1HG)	回流泵运行状态指示
22	绿灯(2HG)	真空泵运行状态指示
23	绿灯(3HG)	进料泵运行状态指示
24	—	备用
25	—	备用
26	—	备用
27	旋转开关(3SA)	回流泵运行电源开关
28	旋转开关(4SA)	真空泵运行电源开关
29	旋转开关(5SA)	进料泵运行电源开关
30	U 相(黄灯)(HY)	空气开关通电状态指示
31	V 相(绿灯)(HG)	空气开关通电状态指示
32	W 相(红灯)(HR)	空气开关通电状态指示
33	总电源开关(4P)(1QF)	电源总开关

3.4.1 开车前准备

1. 由相关操作人员组成装置检查小组,对本装置所有设备(如管道、阀门、仪表、电气、照明设备、保温设备等)按工艺流程图要求和专业技术要求进行检查。

2. 检查所有仪表是否处于正常状态。

3. 检查所有设备是否处于正常状态。

4. 试电。

(1)检查外部供电系统,确保控制柜上所有开关均处于关闭状态。

(2)开启外部供电系统总电源开关。

(3)打开控制柜上总电源开关(4P)(1QF)33。

(4)打开装置上的仪表电源开关(2P)(2QF)10 及仪表电源开关(SA1)8,查看所有仪表是否上电,指示是否正常。

(5)将各阀门顺时针旋转操作到关的状态。

5. 准备原料。配制质量比约为 20%的乙醇溶液 60 L,通过原料槽进口阀 V01,加入原料槽中,至其容积的 1/2~2/3。

6. 开启公用系统。将冷却水管进水总管和自来水龙头相连、冷却水出水总管接软管至下水道,以备待用。

3.4.2 常压精馏操作

3.4.2.1 常压精馏操作开车

1. 关闭原料槽、原料加热器和再沸器排污阀（V05、V11、V18），再沸器至塔底换热器连接阀门 V17，塔釜出口阀 V15，冷凝液槽出口阀 V32，与真空系统的连接阀（V04、V24、V30、V37）。

2. 开启原料泵进、出口阀（V08、V09），精馏塔进口阀（根据操作，可选择阀 V12、V13、V14 中的任一阀门，此阀在整个实训操作过程中禁止关闭），冷凝液槽放空阀 V29。

3. 启动原料泵，通过旁路快速进料，当观察到原料加热器上的视盅中有一定的料液后，可缓慢开启原料加热器加热系统，同时继续往精馏塔塔釜内加入原料液，调节好再沸器液位至其容积的 1/2～2/3，并酌情停原料泵。

4. 启动精馏塔再沸器加热系统（首先在 C3000 上手动控制加热功率大小，待温度缓慢升高到实验值时，调为自动，其具体操作方法见附录），当塔顶温度上升至 50 ℃左右时，开启冷凝器冷却水进水阀 V27，调节好冷却水流量，关闭冷凝液槽放空阀 V29。

5. 当冷凝液槽液位达到 1/3～2/3 时，开冷凝液槽出口阀 V32 和回流阀 V35，启动回流泵，系统进行全回流操作，控制冷凝液槽液位稳定，控制系统压力、温度稳定。当系统压力偏高时可通过冷凝液槽放空阀 V29 适当排放不凝性气体。

6. 当精馏塔塔顶气相温度稳定于 78～79 ℃时（或较长时间回流后，精馏塔塔节上部几点温度趋于相等，接近酒精沸点温度，可视为系统全回流稳定），用酒精计分析塔顶产品含量，当塔顶产品酒精含量大于 90%时，塔顶采出产品合格。

7. 开塔底换热器冷却水进口阀 V19，根据塔釜温度，开塔釜残液出口阀 V15、产品进口阀 V36、塔底换热器料液出口阀 V22。

8. 当再沸器液位开始下降时，可启动原料泵，控制原料加热器加热功率为额定功率 50%～60%，原料液预热温度为 75～85 ℃，送入精馏塔。

9. 调整精馏系统各工艺参数稳定，建立塔内平衡体系。

10. 按时做好操作记录。

3.4.2.2 常压精馏停车

1. 系统停止加料，停止原料加热器加热，关闭原料泵进、出口阀，停原料泵。

2. 根据塔内物料情况，停止再沸器加热。

3. 当塔顶温度下降，无冷凝液馏出后，关闭塔顶冷凝器冷却水进水阀，停冷却水，停回流泵，关回流泵的进、出口阀。

4. 当再沸器和原料加热器物料冷却后，开再沸器和原料加热器排污阀，放出再沸器及原料加热器内物料，开塔底冷凝器排污阀与塔底产品槽排污阀，放出塔底冷凝器内物料、塔底产品槽内物料。

5. 关闭控制台、仪表盘的电源。

6. 做好设备及现场的整理工作。

【视频 10：精馏实训操作 1】

3.4.3 减压精馏操作

3.4.3.1 减压精馏操作开车

1. 关闭原料槽、原料加热器和再沸器排污阀(V05、V11、V18),再沸器至塔底冷凝器连接阀 V17,塔釜出口阀 V15,冷凝液槽出口阀 V32。

2. 开启原料泵进、出口阀(V08、V09),精馏塔进口阀(根据操作,可选择阀 V12、V13、V14 中的任一阀门,此阀在整个实训操作过程中禁止关闭),冷凝液槽放空阀 V29。

3. 开启真空缓冲罐抽真空阀 V44,关闭真空缓冲罐进气阀 V43 和真空缓冲罐放空阀 V42。

4. 启动真空泵,当真空缓冲罐压力达到-0.06 MPa 时,缓开真空缓冲罐进气阀 V43 及开启各储槽的抽真空阀(V24、V30、V38、V04、V43)。当系统真空压力达到-0.02~0.04 MPa 时,关真空缓冲罐抽真空阀 V44,停真空泵,其中,真空度控制采用间歇启动真空泵方式,当系统真空度高于-0.04 MPa 时,停真空泵;当系统真空度低于 -0.02 MPa 时,启动真空泵。

5. 启动原料泵,通过旁路快速进料,当观察到原料加热器上的视盅中有一定的料液后,可缓慢开启原料加热器加热系统,同时继续往精馏塔塔釜内加入原料液,调节好再沸器液位至其容积的 1/2~2/3,并酌情停原料泵。

6. 启动精馏塔再沸器加热系统(首先在 C3000 上手动控制加热功率大小,待压力缓慢升高到实验值时,调为自动,其具体操作方法见附录),当塔顶温度上升至 50 ℃左右时,开启塔顶冷凝器冷却水进水阀 V27,调节好冷却水流量,关闭冷凝液槽放空阀 V29。

7. 当冷凝液槽液位达到 1/3~2/3 时,开冷凝液槽出口阀 V32 和回流阀 V35,启动回流泵,系统进行全回流操作,控制冷凝液槽液位稳定,控制系统压力、温度稳定。当系统压力偏高时可通过调节真空泵抽气量适当排放不凝性气体。

8. 当精馏塔塔顶气相温度稳定(具体温度应根据系统真空度换算确定)时(或较长时间回流后,精馏塔塔节上部几点温度趋于相等,接近酒精沸点温度,可视为系统全回流稳定),用酒精计分析塔顶产品含量,当塔顶产品酒精含量大于 90%时,塔顶采出产品合格。

9. 开塔底换热器冷却水进口阀 V19,根据塔釜温度,开塔釜残液出口阀 V15、产品进口阀 V36、塔底换热器料液出口阀 V22。

10. 当再沸器液位开始下降时,可启动原料泵,控制原料加热器加热功率为额定功率 50%~60%,原料液预热温度为 75~85 ℃,送入精馏塔。

11. 调整精馏系统各工艺参数稳定,建立塔内平衡体系。

12. 按时做好操作记录。

3.4.3.2 减压精馏操作停车

1. 系统停止加料,停止原料加热器加热,关闭原料液泵进出、口阀,停原料泵。

2. 根据塔内物料情况,停止再沸器加热。

3. 当塔顶温度下降,无冷凝液馏出后,关闭塔顶冷凝器冷却水进水阀,停冷却水,停回流泵,关回流泵进、出口阀。

4. 当系统温度降到 40 ℃左右时,缓慢开启真空缓冲罐放空阀门,破除真空,然后开精馏系统各处放空阀(开阀门速度应缓慢),破除系统真空,系统回复至常压状态。

【视频 11:精馏实训操作 2】

5. 当再沸器和原料加热器物料冷却后,开再沸器和原料加热器排污阀,放出原料加热器及再沸器内物料,开塔底冷凝器排污阀、塔底产品槽排污阀,放出塔底冷凝器内物料、塔底产品槽内物料。

6. 关闭控制台、仪表盘的电源。

7. 做好设备及现场的整理工作。

3.4.4 正常操作注意事项

1. 精馏塔系统采用自来水做试漏检验时,系统加水速度应缓慢,系统高点排气阀应打开,密切监视系统压力,严禁超压。

2. 再沸器内液位一定要超过 100 mm,才可以启动再沸器进行系统加热,严防干烧损坏设备。

3 原料加热器启动时应保证液位满罐,严防干烧损坏设备。

4. 精馏塔釜加热应逐步增加加热电压,使塔釜温度缓慢上升,升温速度过快,易造成塔视镜破裂(热胀冷缩),大量轻、重组分同时蒸发至塔釜内,延长塔系统达到平衡时间。

5. 精馏塔塔釜初始进料时进料速度不宜过快,防止塔系统进料速度过快、满塔。

6. 系统全回流时应控制回流流量和冷凝流量基本相等,保持回流液槽一定液位,防止回流泵抽空。

7. 系统全回流流量控制在 6~10 L/h,保证塔系统气液接触效果良好,塔内鼓泡明显。

8. 减压精馏时,系统真空度不宜过高,控制在-0.04~-0.02 MPa,真空度控制采用间歇启动真空泵方式。当系统真空度高于-0.04 MPa 时,停真空泵;当系统真空度低于-0.02 MPa 时,启动真空泵。

9. 减压精馏采样为双阀采样,操作方法为先开上端采样阀,当样液充满上端采样阀和下端采样阀间的管道时,关闭上端采样阀,开启下端采样阀,用量筒接取样液,采样后关下端采样阀。

10. 在系统进行连续精馏时,应保证进料流量和采出流量基本相等,各处流量计操作应互相配合,默契操作,保持整个精馏过程的操作稳定。

11. 塔顶冷凝器的冷却水流量应保持在 100~120 L/h,保证出冷凝器塔顶液相为 30~40 ℃,塔底冷凝器产品出口保持在 40~50 ℃。

12. 分析方法可以是酒精计分析或色谱分析。

3.4.5 设备维护及检修

1. 检查泵的开、停,正常操作及日常维护。

2. 系统运行结束后,相关操作人员应对设备进行维护,保持现场、设备、管路、阀门清洁,方可以离开现场。

3. 定期组织学生进行系统检修演练。

3.4.6 异常现象及处理

精馏实训装置异常现象及处理见表3-4。

表3-4 精馏实训装置异常现象及处理

异常现象	原因分析	处理方法
精馏塔液泛	塔负荷过大 回流量过大 塔釜加热过猛	调整负荷 调节加料量,降低釜温,减少回流,加大采出 减小加热量
系统压力增大	不凝气积聚 采出量少 塔釜加热功率过大	排放不凝气 加大采出量 调整加热功率
塔压差大	负荷大 回流量不稳定 液泛	减少负荷 调节回流比 按液泛情况处理

3.4.7 正常操作中的故障扰动(故障设置实训)

在精馏实训正常操作中,教师给出隐蔽指令,通过不定时改变某些阀门的工作状态来扰动精馏系统正常的工作状态,分别模拟出实际精馏生产过程中的常见故障。学生根据各参数的变化情况、设备运行异常现象,分析故障原因,找出故障并动手排除故障,以提高对工艺流程的认识度和实际动手能力。

1. 塔顶冷凝器无冷凝液产生:在精馏实训正常操作中,教师给出隐蔽指令,停通冷却水(关闭塔顶冷却水入口的电磁阀 V28)。学生通过观察温度、压力及冷凝器冷凝量等的变化,分析系统异常的原因并做处理,使系统恢复到正常操作状态。

2. 真空泵全开时系统无负压:在减压精馏实训正常操作中,教师给出隐蔽指令,使管路直接与大气相同(打开真空管道中的电磁阀 V31)。学生通过观察压力、塔顶冷凝器冷凝量等的变化,分析系统异常的原因并做处理,使系统恢复到正常操作状态。

3.5 实训报告要求

1. 简述精馏实训的目的及任务、原理、操作过程。
2. 以小组为单位填写精馏实训记录表(表3-5、表3-6)。

表 3-5 常压精馏实训记录表

序号	时间	进料系统				塔系统											冷凝系统				回流系统				残液系统		
		原料槽液位/mm	进料流量/(L·h^{-1})	原料加热器加热开度/%	进料温度/℃	塔釜液位/mm	再沸器加热开度/%	再沸器温度/℃	第三塔板温度/℃	第七塔板温度/℃	第十塔板温度/℃	第十一塔板温度/℃	第十三塔板温度/℃	塔釜蒸汽温度/℃	塔釜压力/kPa	塔顶压力/kPa	塔顶蒸汽温度/℃	冷凝液温度/℃	冷却水流量/(L·h^{-1})	冷却水出口温度/℃	塔顶温度/℃	回流温度/℃	回流流量/(L·h^{-1})	产品流量/(L·h^{-1})	残液流量/(L·h^{-1})	冷却水流量/(L·h^{-1})	阀门V16开闭
1																											
2																											
3																											
4																											
5																											
6																											
7																											
8																											
9																											
10																											
11																											
12																											
操作记事																											
异常现象记录																											
操作人：													指导教师：														

表 3-6　真空精馏实训记录表

序号	时间	进料系统				塔系统											冷凝系统				回流系统				残液系统		
		原料槽液位/mm	进料流量/(L·h^{-1})	原料加热器加热开度/%	进料温度/℃	塔釜液位/mm	再沸器加热开度/%	再沸器温度/℃	第三塔板温度/℃	第七塔板温度/℃	第十塔板温度/℃	第十一塔板温度/℃	第十三塔板温度/℃	塔釜蒸汽温度/℃	塔釜压力/kPa	塔顶压力/kPa	塔顶蒸汽温度/℃	冷凝液温度/℃	冷却水流量/(L·h^{-1})	冷却水出口温度/℃	塔顶温度/℃	回流温度/℃	回流流量/(L·h^{-1})	产品流量/(L·h^{-1})	残液流量/(L·h^{-1})	冷却水流量/(L·h^{-1})	阀门V16开闭
1																											
2																											
3																											
4																											
5																											
6																											
7																											
8																											
9																											
10																											
11																											
12																											
操作记事																											
异常现象记录																											
操作人：														指导教师：													

4 蒸发操作实训

4.1 实训目的及任务

4.1.1 目的

1. 按照蒸发实训设备的开机前检查与准备、开机、正常工况巡检、停机及故障处理等相关安全规程、设备规程、技术规程的要求，掌握蒸发实训设备的开机前检查与准备、开机、停机及故障处理等的操作技能。

2. 操作过程中能按照实训规程，控制好温度、流量、压力等参数，以获得较好的技术经济指标。

3. 能按照要求填写各种生产原始记录及设备运行记录。

4.1.2 任务

1. 能按要求准备好实训所需的材料。
2. 能按开机要求进行系统安全检查。
3. 能按开机要求进行系统试运行。
4. 能做好进料前的准备工作。
5. 能按安全技术操作规程正确进行开机作业。
6. 能按安全技术操作规程正确进行正常工况巡检作业。
7. 能读懂各种仪表显示数据。
8. 能填写各种生产原始记录。
9. 能操作 DCS 对设备参数进行调控。
10. 能填写设备运行记录。

4.2 工业背景

蒸发就是含有不挥发溶质的溶液的浓缩。在化工、轻工、制药、食品等许多工业领域的生产过程中，常常需要将溶有固体溶质的稀溶液浓缩，以达到符合工艺要求的浓度，或析出固体产品，或回收汽化出来的溶剂。例如，由电解法制得的烧碱（NaOH）溶液中，只含有大约 10%的 NaOH，要达到工艺要求约 42%的浓度必须用蒸发操作除去部分水分，或将浓缩液结合其他操作进一步加工处理以获得固碱；食糖、果汁、奶粉、抗生素等的生产也需要利用蒸发操作使溶液得到浓缩；利用蒸发操作还可使海水淡化（制取淡水）等。

本装置是以“NaOH-水溶液”为体系，选用升膜式蒸发器，以导热油代替水蒸气作为热源，并结合高校实训教学大纲要求设计而成的。

4.3 实训工艺流程及设备

4.3.1 实训工艺流程

蒸发实训工艺流程示意图如图 4-1 所示。

4.3.1.1 常压蒸发流程

原料罐 V1001 内的 NaOH 水溶液由进料泵 P1001 进入预热器 E1002 的壳程，被管程的高温导热油预热后，进入蒸发器 F1001 的管程，受热沸腾迅速汽化，蒸汽在管内高速上升，带动溶液沿壁面成膜状上升并继续蒸发。到达分离器 V1002 内的气液混合物，在分离器内分离，产品由分离器底部排到产品罐；二次蒸汽从顶部导出到冷凝器 E1003 的管程，被壳程的冷却水冷凝后，到达汽水分离器 V1004，再次分离不凝气体后，液体收集到冷凝液罐 V1005。

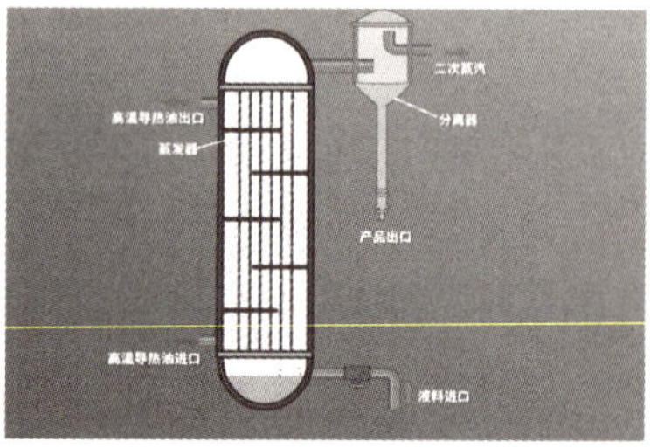

【动画 7：升膜式蒸发器的工作原理】

4.3.1.2 真空蒸发流程

本装置配置了真空流程，主物料流程如常压蒸发流程。在原料罐 V1001、产品罐 V1003、汽水分离器 V1004、冷凝液罐 V1005 中均设置抽真空阀，被抽出的系统物料气体经真空总管进入真空缓冲罐 V1006，然后由真空泵 P1003 抽出放空。

【视频 12：蒸发实训工艺流程简介】

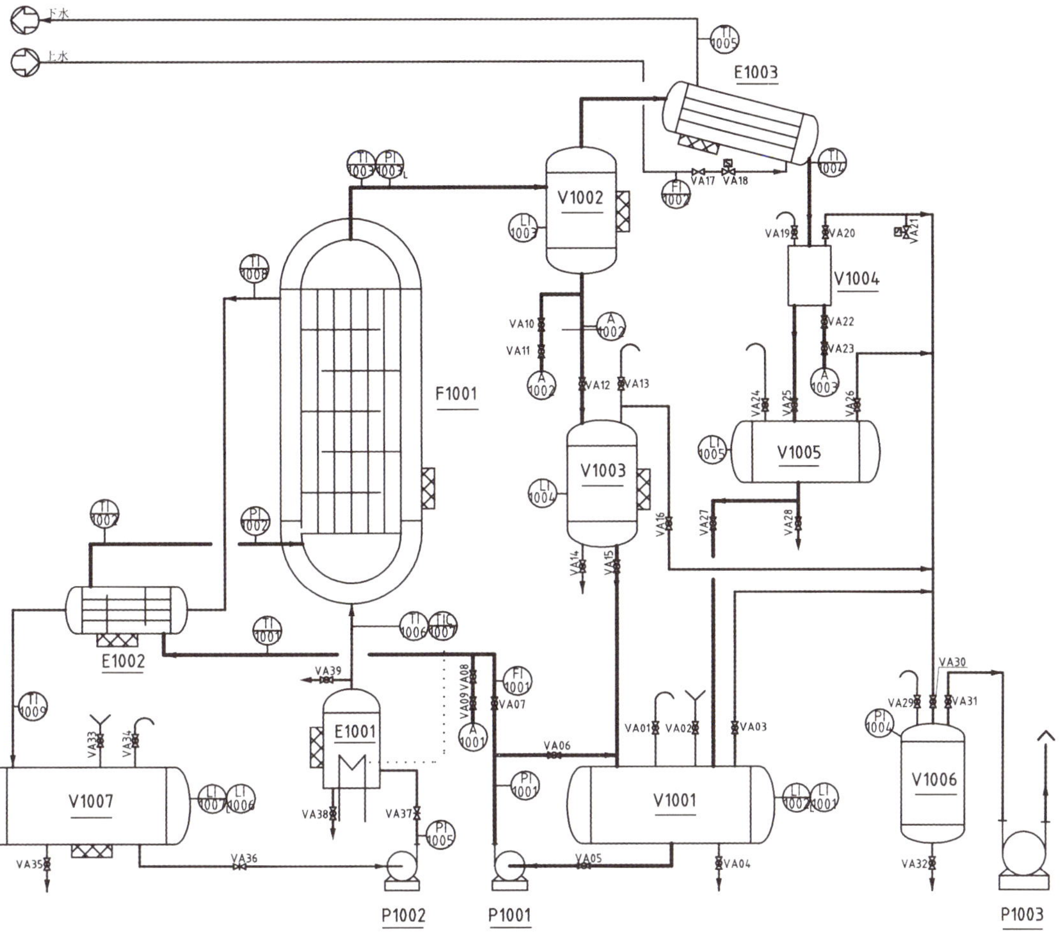

V1001—原料罐；V1002—分离器；V1003—产品罐；V1004—汽水分离器；V1005—冷凝液罐；
V1006—真空缓冲罐；V1007—油罐；P1001—进料泵；P1002—油泵；P1003—真空泵；
E1001—加热器；E1002—预热器；E1003—冷凝器；F1001—蒸发器。

图 4-1　蒸发实训工艺流程示意图

4.3.1.3　导热油流程

油罐 V1007 内的导热油经油泵 P1002 到达加热器 E1001 被加热到一定的温度后，进入蒸发器 F1001 的壳程，给原料提供热源后到达预热器 E1002 的管程，对原料进行预热，回流到油罐 V1007，进行循环。

4.3.2　实训装置的布置

蒸发实训装置立面布置图如图 4-2 所示，现场图如图 4-3 所示。本实训装置由浙江中控科教仪器设备有限公司生产。

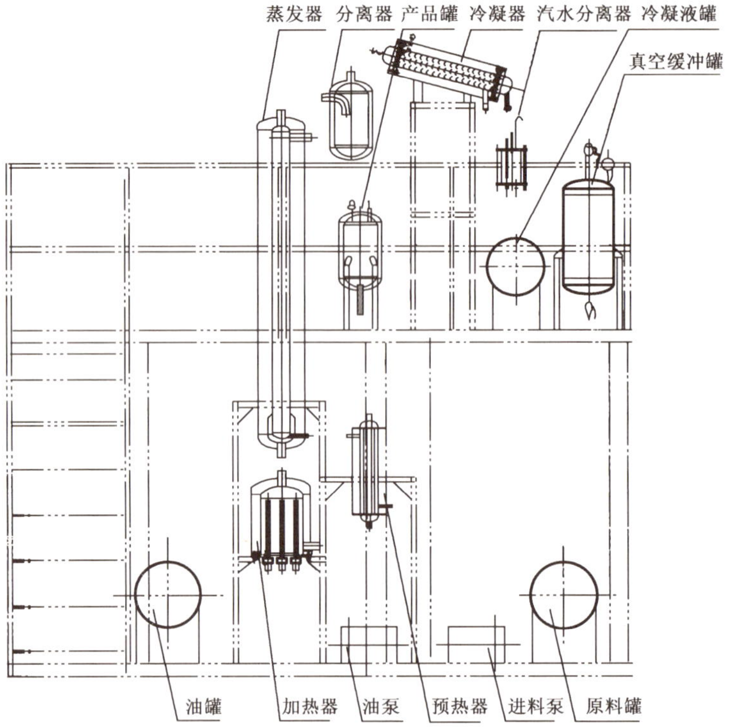

图 4-2　蒸发实训装置立面布置图

图 4-3　蒸发实训装置现场图

4.3.3　实训设备

蒸发实训静设备一览表见表 4-1，动设备一览表见表 4-2。

表 4-1　蒸发实训静设备一览表

编号	名称	材质	规格	形式
1	原料罐	不锈钢	ϕ400 mm×800 mm，V=92 L	卧式

表 4-1(续)

编号	名称	材质	规格	形式
2	分离器	不锈钢	ϕ250 mm×480 mm, V=13 L	立式
3	产品罐	不锈钢	ϕ300 mm×460 mm, V=21 L	立式
4	汽水分离器	不锈钢	ϕ100 mm×200 mm, V=1.5 L	立式
5	冷凝液罐	不锈钢	ϕ350 mm×780 mm, V=65 L	卧式
6	油罐	不锈钢	ϕ400 mm×850 mm, V=65 L	卧式
7	加热器	不锈钢	ϕ350 mm×570 mm, P=22 kW	立式
8	预热器	不锈钢	ϕ200 mm×800 mm, F=0.26 m^2	卧式
9	蒸发器	不锈钢	ϕ273 mm×2 100 mm, F=1.1 m^2	立式
10	冷凝器	不锈钢	ϕ200 mm×780 mm, F=0.26 m^2	卧式
11	真空缓冲罐	不锈钢	ϕ300 mm×680 mm, V=45 L	立式

表 4-2　蒸发实训动设备一览表

编号	名称	规格	数量/个
1	油泵	功率 P=0.75 kW, 流量 Q_{max}=4.5 m^3/h, 电压 U=380 V	1
2	进料泵	功率 P=90 W, 流量 Q_{max}=42 L/h, 电压 U=220 V	1
3	真空泵	流量 Q_{max}=4 L/s, 电压 U=380 V	1

4.3.4　实训工艺操作指标

1. 压力控制如下。

系统真空度为-0.04～-0.02 MPa。

2. 温度控制如下。

加热器出口导热油温度:140～150 ℃。

冷却器出口液体温度:～50 ℃。

3. 流量控制如下。

进料流量:～25 L/h。

冷却器冷却水流量:～0.4 m^3/h。

4. 液位控制如下。

油罐液位:100～300 mm,低位报警:L=100 mm。

原料罐液位:100～300 mm,高位报警:H=300 mm,低位报警:L=100 mm。

4.4 实训操作步骤

蒸发实训操作之前，要仔细阅读实训装置操作规程，以便完成实训操作。蒸发实训操作界面图如图 4-4 所示，控制面板示意图如图 4-5 所示，控制面板对照表见表 4-3。

注：开车前应检查所有设备、阀门、仪表等所处的状态。

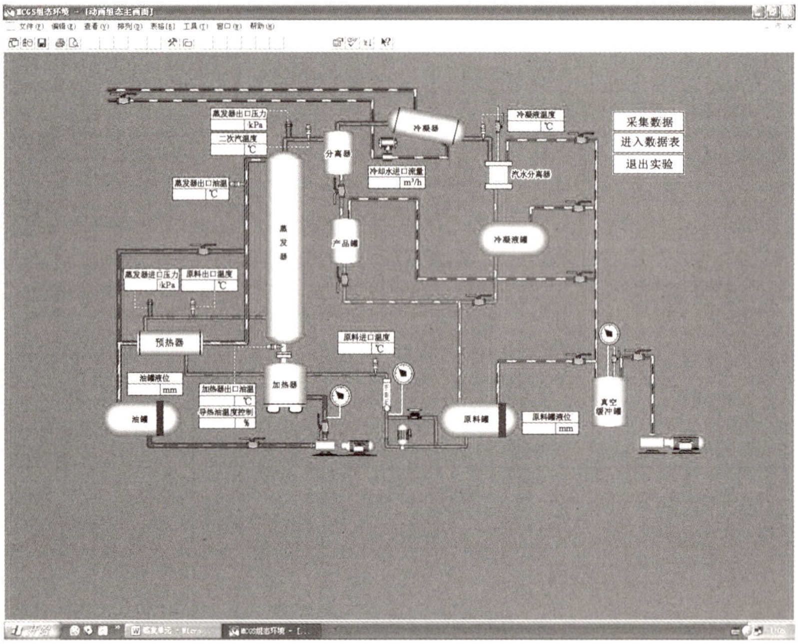

图 4-4　蒸发实训操作界面图

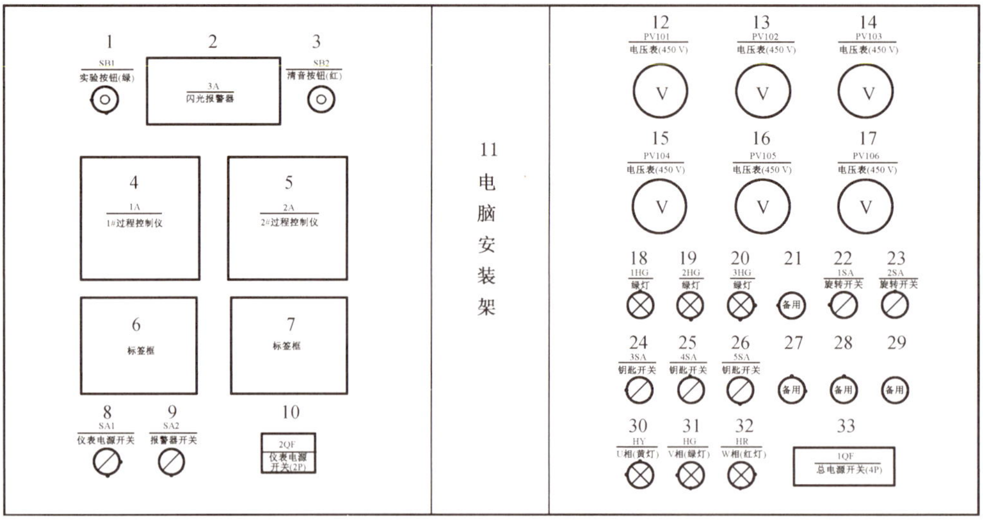

图 4-5　蒸发实训控制面板示意图

表 4-3 蒸发实训控制面板对照表

序号	名称	功能
1	实验按钮(绿)(SB1)	切换实验状态
2	闪光报警器(3A)	发出报警信号,提醒操作人员
3	消音按钮(红)(SB2)	消除警报声音
4	1#过程控制仪(1A)	工艺参数的远传显示、操作
5	2#过程控制仪(2A)	工艺参数的远传显示、操作
6	标签框	注释仪表通道控制内容
7	标签框	注释仪表通道控制内容
8	仪表电源开关(SA1)	仪表电源开关
9	报警器开关(SA2)	报警系统电源开关
10	仪表电源开关(2P)(2QF)	装置仪表电源总开关
11	电脑安装架	安装电脑
12	电压表(450 V)(PV101)	加热器加热电压
13	电压表(450 V)(PV102)	加热器加热电压
14	电压表(450 V)(PV103)	加热器加热电压
15	电压表(450 V)(PV104)	加热器加热电压
16	电压表(450 V)(PV105)	加热器加热电压
17	电压表(450 V)(PV106)	加热器加热电压
18	绿灯(1HG)	进料泵运行状态指示
19	绿灯(2HG)	油泵运行状态指示
20	绿灯(3HG)	真空泵运行状态指示
21	—	备用
22	旋转开关(1SA)	进料泵运行开关
23	旋转开关(2SA)	油泵运行开关
24	钥匙开关(3SA)	锅炉加热运行开关
25	钥匙开关(4SA)	热风风机运行开关
26	钥匙开关(5SA)	冷风风机运行开关
27	—	备用
28	—	备用
29	—	备用
30	U 相(黄灯)(HY)	空气开关通电状态指示
31	V 相(绿灯)(HG)	空气开关通电状态指示
32	W 相(红灯)(HR)	空气开关通电状态指示
33	总电源开关(4P)(1QF)	电源总开关

4.4.1 开车前准备

1. 由相关操作人员组成装置检查小组,对本装置所有设备(如管道、阀门、仪表、电气、照明设备、保温设备等)按工艺流程图和专业技术要求进行检查。

2. 检查所有仪表是否处于正常状态。

3. 检查所有设备是否处于正常状态。

4. 试电。

(1)检查外部供电系统,确保控制柜上所有开关均处于关闭状态。

(2)开启总电源开关。

(3)打开控制柜上总电源开关(4P)(1QF)33。

(4)打开装置仪表总电源开关(2P)(2QF)及仪表电源开关(SA1)8,查看所有仪表是否上电,指示是否正常。

(5)将各阀门顺时针旋转操作至关闭的状态。

5. 准备原料。

配制 70 L、质量浓度为 1%的 NaOH 水溶液,备用。

4.4.2 常压蒸发操作

4.4.2.1 常压蒸发开车

1. 观察油罐内有没有液位,可以酌情补充,保证其正常液位。

2. 开启油泵进口阀 VA36,启动油泵,开启油泵出口阀 VA37,向系统内进导热油。待蒸发器顶有导热油流下时,开启加热器加热系统(首先在 C3000 上手动控制加热功率大小,待温度缓慢升高到实验值时,调为自动,其具体操作方法见附录),使导热油循环。

3. 当加热器出口导热油温度基本稳定在 140~150 ℃时,开始进原料。

4. 打开阀门 VA01、VA02,将事先配制好的原料加入原料罐内。打开阀门 VA05、VA06、VA07、VA19,启动进料泵,向系统内进料液。当预热器出口料液温度高于 50 ℃时,开启冷凝器冷却水进水阀 VA17。

5. 当分离器液位达到 1/3 时,开启产品罐进口阀 VA12;当汽水分离器内液位达到 1/3 时,开启冷凝液罐进口阀 VA25。当系统压力偏高时可通过汽水分离器放空阀 VA19,适当排放不凝性气体。

6. 当蒸发器塔顶气相温度稳定于 100.3 ℃时,取样分析产品和冷凝液的纯度。当产品达到要求时,继续采出产品和冷凝液;当产品纯度不符合要求时,通过产品罐循环阀 VA15、冷凝液罐循环阀 VA27,原料继续蒸发,至采出合格的产品。

7. 调整系统各工艺参数稳定,建立平衡体系。

8. 按时做好操作记录。

4.4.2.2 常压蒸发停车

1. 系统停止进料,关闭原料泵进出、口阀,停进料泵。

2. 当塔顶分离器液位无变化、无冷凝液流出后，关闭塔顶冷凝器冷却水进水阀停冷却水。

3. 停止加热器加热系统。

4. 当分离器、汽水分离器内的液位排放完时，关闭相应阀门。

5. 待加热器出口导热油温度<100 ℃，关闭油泵出口阀，停止油泵。

6. 打开加热器排污阀 VA38、蒸发器排污阀 VA39，将系统内的导热油回收到油罐。

【视频 13：蒸发实训操作 1】

7. 停控制台、仪表盘电源。

8. 做好设备及现场的整理工作。

4.4.3 减压蒸发操作

4.4.3.1 减压蒸发开车

1. 观察油罐内有没有液位，可以酌情补充，保证其正常液位。

2. 开启油泵进口阀 VA36，启动油泵，开启油泵出口阀 VA37，向系统内进导热油。待蒸发器顶有导热油流下时，开启加热器加热系统（首先在 C3000 上手动控制加热功率大小，待温度缓慢升高到实验值时，调为自动，其具体操作方法见附录），使导热油循环。

3. 当加热器出口导热油温度基本稳定在 140~150 ℃时，开始抽真空。

4. 开启真空缓冲罐抽真空阀 VA31，关闭真空缓冲罐进气阀 VA30，关闭真空缓冲罐放空阀 VA29。

5. 启动真空泵，当真空缓冲罐压力达到-0.06 MPa 时，缓开真空缓冲罐进气阀 VA30，并开启各储槽的抽真空阀门（VA03、VA16、VA20、VA26）。当系统真空压力达到-0.04~-0.02 MPa 时，关真空缓冲罐抽真空阀 VA31，停真空泵，其中，真空度控制采用间歇启动真空泵方式。当系统真空度大于-0.04 MPa 时，停真空泵；当系统真空度小于-0.02 MPa 时，启动真空泵。

6. 打开阀门 VA01、VA02，将事先配制好的原料加入原料罐内。打开阀门 VA05、VA06、VA07、VA19，启动进料泵，向系统内进料液。当预热器出口料液温度高于 50 ℃，开启冷凝器的冷却水进水阀 VA17。

7. 当分离器液位达到 1/3 时，开产品罐进口阀 VA12；当汽水分离器内液位达到 1/3 时，开启冷凝液罐进口阀 VA25。当系统压力偏高时可通过汽水分离器放空阀 VA19，适当排放不凝性气体。

8. 当蒸发器塔顶气相温度稳定于 100.3 ℃时，取样分析产品和冷凝液的纯度。当产品达到要求时，继续采出产品和冷凝液；当产品纯度不符合要求时，通过产品罐循环阀 VA15、冷凝液罐循环阀 VA27，原料继续蒸发，至采出合格的产品。

9. 调整系统各工艺参数稳定，建立平衡体系。

10. 按时做好操作记录。

4.4.3.2 减压蒸发停车

1. 系统停止进料,关闭原料泵进出、口阀,停进料泵。

2. 当塔顶分离器液位无变化、无冷凝液流出后,关闭塔顶冷凝器冷却水进水阀停冷却水。

3. 停止加热器加热系统。

4. 当分离器、汽水分离器内的液位排放完时,关闭相应阀门。

5. 当系统温度降到 40 ℃左右,缓慢开启真空缓冲罐放空阀门,破除真空,系统回复至常压状态。

6. 待加热器出口导热油温度<100 ℃时,关闭油泵出口阀,停止油泵。

7. 打开加热器排污阀 VA38、蒸发器排污阀 VA39,将系统内的导热油回收到油罐。

【视频 14:蒸发实训操作 2】

8. 停控制台、仪表盘电源。

9. 做好设备及现场的整理工作。

4.4.4 正常操作注意事项

1. 系统采用自来水做试漏检验时,系统加水速度应缓慢,系统高点排气阀应打开,密切监视系统压力,严禁超压。

2. 加热器加热系统启动时应保证液位满罐,严防干烧损坏设备。

3. 油罐内导热油应控制在正常液位,防止油加热膨胀,使导热油系统压力偏高。

4. 蒸发器初始进料时进料速度不宜过快,防止物料没有汽化,影响蒸发效果。

5. 减压时,系统真空度不宜过高,控制在-0.04~-0.02 MPa,真空度控制采用间歇启动真空泵方式。当系统真空度高于-0.04 MPa 时,停真空泵;当系统真空度低于-0.02 MPa 时,启动真空泵。

6. 减压蒸发采样为双阀采样,操作方法为先开上端采样阀,当样液充满上端采样阀和下端采样阀间的管道时,关闭上端采样阀,开启下端采样阀,用量筒接取样液,采样后关下端采样阀。

7. 塔顶冷凝器的冷却水流量应保持在 400~600 L/h,保证出冷凝器塔顶液相为 30~40 ℃,塔底冷凝器产品出口保持在 40~50 ℃。

4.4.5 设备维护及检修

1. 检查泵的开、停,正常操作及日常维护。

2. 系统运行结束后,相关操作人员应对设备进行维护,保持现场、设备、管路、阀门清洁,方可以离开现场。

3. 定期组织学生进行系统检修演练。

4.4.6 异常现象及处理

蒸发实训装置异常现象及处理见表 4-4。

表 4-4 蒸发实训装置异常现象及处理

异常现象	原因	处理方法
蒸发器内压力偏高	蒸发器内不凝气体集聚或冷凝液集聚	排放不凝气体或冷凝液
换热器发生振动	冷流体或热流体流量过大	调节冷流体或热流体流量
产品纯度偏低	加热器出口导热油温度偏低	调整加热器内的加热功率或降低原料进料流量

4.4.7 正常操作中的故障扰动(故障设置实训)

在蒸发实训正常操作中,教师给出隐蔽指令,通过不定时改变某些阀门、加热器或风机的工作状态来扰动传热系统正常的工作状态,分别模拟实际生产工艺过程中的常见故障。学生根据各参数的变化情况、设备运行异常现象,分析故障原因,找出故障并动手排除故障,以提高对工艺流程的认识度和实际动手能力。

1. 塔顶冷凝器无冷凝液产生:在蒸发实训正常操作中,教师给出隐蔽指令,停通冷却水(关闭塔顶冷却水入口的电磁阀 VA18)。学生通过观察温度、压力及冷凝器冷凝量等的变化,分析系统异常的原因并做处理,使系统恢复到正常操作状态。

2. 真空泵全开时系统无负压:在减压蒸发实训正常操作中,教师给出隐蔽指令,使管路直接与大气相通(打开真空管道中的电磁阀 VA21)。学生通过观察压力、塔顶冷凝器冷凝量等的变化,分析系统异常的原因并做处理,使系统恢复到正常操作状态。

4.5 实训报告要求

1. 简述蒸发实训的目的及任务、原理、操作过程。

2. 以小组为单位填写蒸发实训记录表(表 4-5、表 4-6)。

表 4-5　常压蒸发实训记录表

序号	时间	导热油系统							物料系统											
		油罐液位/mm	油泵出口压力/MPa	加热器内加热丝开度/%	加热器出口温度/℃		蒸发器出口温度/℃	预热器出口温度/℃	原料罐液位/mm	进料泵出口压力/MPa	进料流量/（L·h^{-1}）	预热器进口温度/℃	蒸发器进口温度/℃	二次汽温度/℃	冷凝液温度/℃	蒸发器进口压力/KPa	蒸发器出口压力/KPa	分离器液位/mm	产品罐液位/mm	冷凝液罐液位/mm
					现场	远传														
1																				
2																				
3																				
4																				
5																				
操作记事																				
异常情况记录																				

操作人：　　　　　　　　　　指导教师：

表 4-6 真空蒸发实训记录表

<table>
<tr><th rowspan="3">序号</th><th rowspan="3">时间</th><th colspan="7">导热油系统</th><th colspan="12">物料系统</th></tr>
<tr><th rowspan="2">油罐液位/mm</th><th rowspan="2">油泵出口压力/MPa</th><th rowspan="2">加热器内加热丝开度/%</th><th colspan="2">加热器出口温度/℃</th><th rowspan="2">蒸发器出口温度/℃</th><th rowspan="2">预热器出口温度/℃</th><th rowspan="2">原料罐液位/mm</th><th rowspan="2">进料泵出口压力/MPa</th><th rowspan="2">进料流量/(L·h⁻¹)</th><th rowspan="2">预热器进口温度/℃</th><th rowspan="2">蒸发器进口温度/℃</th><th rowspan="2">二次汽温度/℃</th><th rowspan="2">冷凝液温度/℃</th><th rowspan="2">蒸发器进口压力/kPa</th><th rowspan="2">蒸发器出口压力/kPa</th><th rowspan="2">分离器液位/mm</th><th rowspan="2">产品罐液位/mm</th><th rowspan="2">冷凝液罐液位/mm</th></tr>
<tr><th>现场</th><th>远传</th></tr>
<tr><td>1</td><td></td><td></td><td></td><td></td><td></td><td></td><td></td><td></td><td></td><td></td><td></td><td></td><td></td><td></td><td></td><td></td><td></td><td></td><td></td><td></td></tr>
<tr><td>2</td><td></td><td></td><td></td><td></td><td></td><td></td><td></td><td></td><td></td><td></td><td></td><td></td><td></td><td></td><td></td><td></td><td></td><td></td><td></td><td></td></tr>
<tr><td>3</td><td></td><td></td><td></td><td></td><td></td><td></td><td></td><td></td><td></td><td></td><td></td><td></td><td></td><td></td><td></td><td></td><td></td><td></td><td></td><td></td></tr>
<tr><td>4</td><td></td><td></td><td></td><td></td><td></td><td></td><td></td><td></td><td></td><td></td><td></td><td></td><td></td><td></td><td></td><td></td><td></td><td></td><td></td><td></td></tr>
<tr><td>5</td><td></td><td></td><td></td><td></td><td></td><td></td><td></td><td></td><td></td><td></td><td></td><td></td><td></td><td></td><td></td><td></td><td></td><td></td><td></td><td></td></tr>
<tr><td colspan="3">操作记事</td><td colspan="18"></td></tr>
<tr><td colspan="3">异常情况记录</td><td colspan="18"></td></tr>
<tr><td colspan="9">操作人：</td><td colspan="12">指导教师：</td></tr>
</table>

5 流体输送操作实训

5.1 实训目的及任务

5.1.1 目的

1. 按照流体输送实训设备的开机前检查与准备、开机、正常工况巡检、停机及故障处理等相关安全规程、设备规程、技术规程的要求，掌握流体输送实训设备的开机前检查与准备、开机、停机及故障处理等的操作技能。

2. 操作过程中能按照实训规程，控制好温度、流量、压力等参数，以获得较好的技术经济指标。

3. 能按照要求填写各种生产原始记录及设备运行记录。

5.1.2 任务

1. 能按要求准备好实训所需的材料。

2. 能按开机要求进行系统安全检查。

3. 能按开机要求进行系统试运行。

4. 能做好供水、热压缩空气的准备工作。

5. 能按安全技术操作规程正确进行开机作业。

6. 能按安全技术操作规程正确进行正常工况巡检作业。

7. 能读懂各种仪表显示数据。

8. 能填写各种生产原始记录。

9. 能操作 DCS 对设备参数进行调控。

10. 能填写设备运行记录。

5.2 工业背景

流体指具有流动性而不能保持自身形状的物体，包括液体和气体，在湿法冶金生产中所处理的物料大多为流体。这些物料在生产过程中往往需要从一个车间转移到另一个车间，从一个工序转移到另一个工序，从一个设备转移到另一个设备。因此，流体输送是湿法冶金生产中最常见的单元操作。做好流体输送工作，对冶金生产过程有着非常重要的意义。为达到此目的，必须对流体加入外功，以克服流体阻力及补充输送流体时所不足的能量。为流体提供能量的机械称为流体输送机械。

5.3 实训工艺流程及设备

5.3.1 实训工艺流程

流体输送实训工艺流程示意图如图 5-1 所示。

原料槽 V101 料液经原料泵（1#离心泵，2#离心泵），再经过玻璃转子流量计计量后，进入高位槽 V102，通过调节阀控制高位槽 V102 处于正常液位。高位槽 V102 内料液经阀门调节通过三根平行管（其中一根可测直管阻力，另一根可测局部阻力），进入吸收塔 T101 上部，与气相充分接触后，从吸收塔 T101 底部流出，经调节阀调节吸收塔 T101 的液位，并送至原料槽（产品槽）V101 循环使用。

空气由空气压缩机压缩，经过缓冲槽 V103 后，从吸收塔 T101 下部进入，与液体充分接触后，从吸收塔 T101 顶部放空。为了加剧混合的程度，在通入压缩空气的同时，可以抽真空，在真空泵 P103 作用下，料液从原料槽 V101 抽至吸收塔 T101。

【视频 15：流体输送实训工艺流程简介】

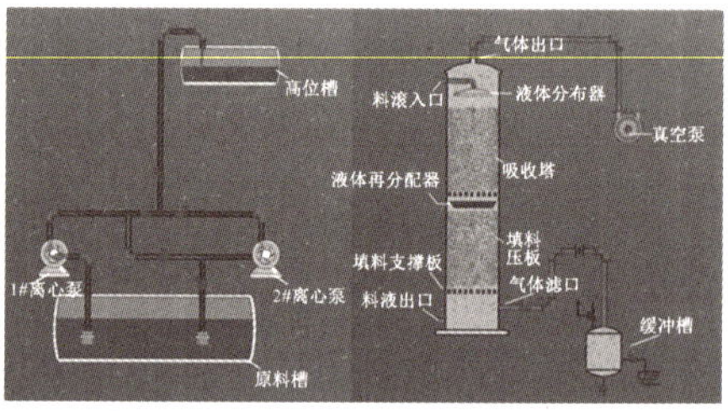

【动画 8：泵的串联、并联及填料吸收塔的工作原理】

5.3.2 实训装置的布置

流体输送实训装置立面布置图如图 5-2 所示，现场图如图 5-3 所示。本实训装置由浙江中控科教仪器设备有限公司生产。

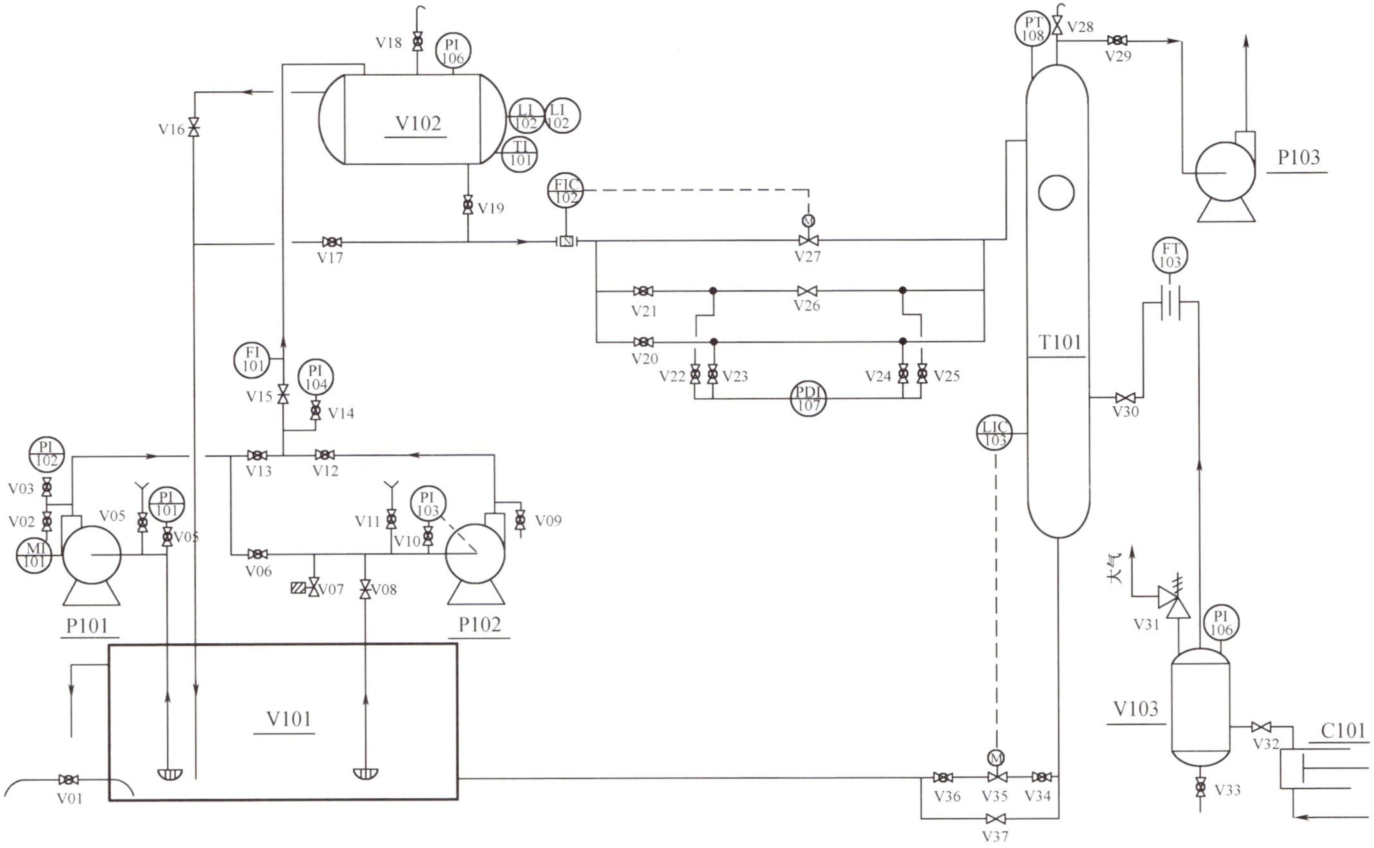

C101—空气压缩机；P101—1#离心泵；P102—2#离心泵；P103—真空泵；
V101—原料槽；V102—高位槽；V103—缓冲槽；T101—吸收塔。

图 5-1 流体输送实训工艺流程示意图

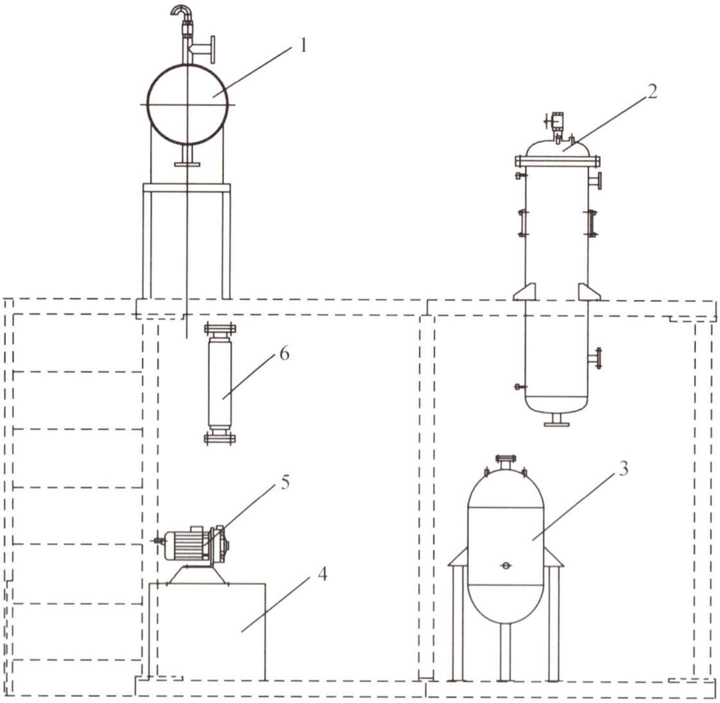

1—高位槽;2—吸收塔;3—缓冲槽;4—离心泵;5—原料泵;6—电磁流量计。

图 5-2 流体输送实训装置立面布置图

图 5-3 流体输送实训装置现场图

5.3.3 实训设备

流体输送实训静设备一览表见表 5-1,动设备一览表见表 5-2,主要仪表见表 5-3。

表 5-1 流体输送实训静设备一览表

序号	名称	材质	规格/mm	容积(估算)/L	结构形式
1	吸收塔	304 不锈钢	ϕ325×1 300	110	立式

表 5-1(续)

序号	名称	材质	规格/mm	容积(估算)/L	结构形式
2	高位槽	304 不锈钢	ϕ426×700	100	立式
3	缓冲槽	304 不锈钢	ϕ400×500	60	立式
4	原料槽	304 不锈钢	1 000×600×500	3 000	—

表 5-2 流体输送实训动设备一览表

名称	不锈钢离心泵	真空泵	往复空气压缩机
相关参数	供电:三相 380 V; 扬程:14 m; 最大流量:6 m^3/h; 功率:0.5 kW; 管路连接: 进口 G1 1/4; 出口 G1 内螺纹	供电电源:220 V; 极限真空度(kPa):<6×10^{-2}; 允许最大阻力(kPa):1.3×10^3; 泵油温升:<45 ℃; 电机功率:0.37 kW; 进气口直径:25 mm; 转速:<1 400 r/min	额定功率:2.2 kW; 排气量:0.25 m^3/min; 储气量:96 L

表 5-3 流体输送实训主要仪表

序号	位号	用途	名称及规格	型号
一、温度仪表				
1	TT-102	吸收塔温度变送	温度变送器	SBWZ-Pt100
2	TE-102	吸收塔温度检测	带不锈钢保护套管铂热电阻	WZP 270 型 Pt100
3	TI-103	高位槽温度显示	过程控制器 A	—
二、压力仪表				
4	PI-101	缓冲槽压力	普通压力表,测量范围:0~0.4 MPa	Y-100
5	PI-102	吸收塔压力	真空压力表,测量范围:-0.1~0.15 MPa	YZ-100
6	PDI-101	吸收塔进水直管阻力	过程控制器 B	C3008
	PDI-102	吸收塔进水局部阻力	过程控制器 B	—
7	PI-104	高位槽压力	真空压力表	YZ-100
8	PIA-105	1#离心泵进口压力	磁助式电接点压力表, 测量范围:-0.1~0.15 MPa	YXC-100
9	PI-106	1#离心泵出口压力	普通压力表,测量范围:0~1.0 MPa	Y-100
10	PI-107	2#离心泵进口压力	过程控制器 B	—
11	PI-108	2#离心泵出口压力	过程控制器 B	—
三、液位仪表				
12	LICA-101	吸收塔液位控制	过程控制器 A	—
	LV-101	吸收塔液位调节	电动调节阀	QSTP-16k、DN40

表 5-3(续)

序号	位号	用途	名称及规格	型号
13	LIA-102	高位槽液位显示	过程控制器 A	—
	(LIA-102)	高位槽液位显示	DCS	—
四、流量仪表				
14	FIC-101	气体流量显示控制	过程控制器 A	C3008
15	FIC-102	水路流量显示控制	过程控制器 A	C3008
	FI-102	水路流量	电磁流量计	HYD3000-25BIC 1NENT
	FV-102	水路流量调节	电动调节阀	QSTP-16k、DN25
16	FI-103	高位槽进口流量	玻璃转子流量计	LZB-50
17	SI-101	离心泵转速显示	过程控制器 B	C3008
18	WI-101	离心泵功率显示	过程控制器 B	—
19		报警装置	闪光报警器	AI-302M

5.3.4 实训工艺操作指标

1. 压力控制如下。

离心泵进口压力:-15~-6 kPa。

1#离心泵单独运行时出口压力:0.15~0.27 MPa(流量为 0~6 m^3/h)。

2#离心泵串联时出口压力:0.27~0.53 MPa(流量为 0~6 m^3/h)。

2#离心泵并联时出口压力:0.12~0.28 MPa(流量为 0~7 m^3/h)。

2. 压降范围如下。

光滑管阻力压降:0~7 kPa(流量为 0~3 m^3/h)。

局部管阻力压降:0~22 kPa(流量为 0~3 m^3/h)。

3. 流体流量如下。

离心泵特性流体流量:2~7 m^3/h。

阻力特性流体流量:0~3 m^3/h。

4. 液位控制如下。

吸收塔液位:1/3~1/2。

5.4 实训操作步骤

流体输送实训操作之前,要仔细阅读实训装置操作规程,以便完成实训操作。流体输送操作界面图如图 5-4 所示,控制面板示意图如图 5-5 所示,控制面板对照表见表 5-4。

注:开车前应检查所有设备、阀门、仪表等所处的状态。

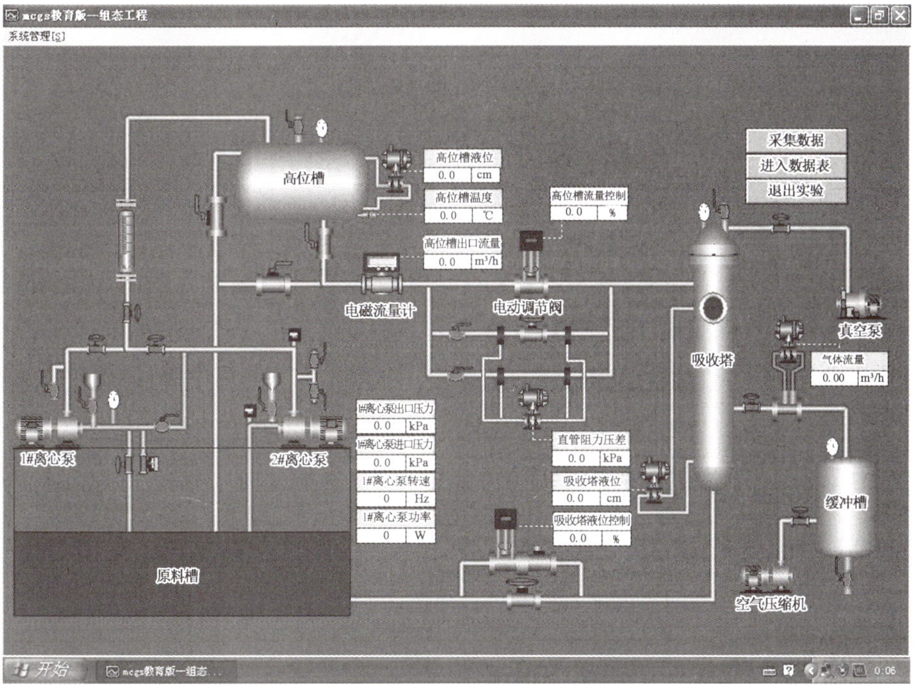

图 5-4 流体输送操作界面图

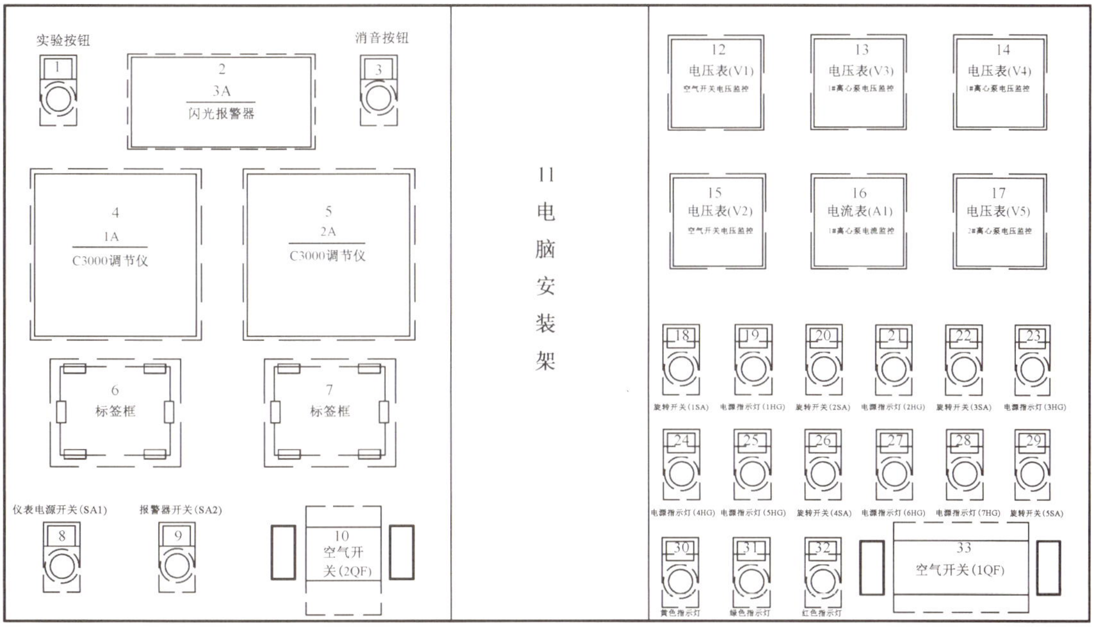

图 5-5 流体输送控制面板示意图

表 5-4 流体输送控制面板对照表

序号	名称	功能
1	实验按钮	切换实验状态
2	闪光报警器(3A)	发出报警信号,提醒操作人员

表 5-4(续)

序号	名称	功能
3	消音按钮	消除报警声音
4	C3000 调节仪(1A)	显示操作
5	C3000 调节仪(2A)	显示操作
6	标签框	注释仪表通道控制内容
7	标签框	注释仪表通道控制内容
8	仪表电源开关(SA1)	仪表电源开关
9	报警器开关(SA2)	报警系统电源开关
10	空气开关(2QF)	仪表电源总开关
11	电脑安装架	安装电脑
12	电压表(V1)	空气开关电压监控
13	电压表(V3)	1#离心泵电压监控
14	电压表(V4)	1#离心泵电压监控
15	电压表(V2)	空气开关电压监控
16	电流表(A1)	1#离心泵电流监控
17	电压表(V5)	2#离心泵电压监控
18	旋转开关(1SA)	电磁流量计电源开关
19	电源指示灯(1HG)	电磁流量计通电指示
20	旋转开关(2SA)	吸收塔液位调节阀电源开关
21	电源指示灯(2HG)	吸收塔液位调节阀通电指示
22	旋转开关(3SA)	高位槽液位调节阀电源开关
23	电源指示灯(3HG)	高位槽液位调节阀通电指示
24	电源指示灯(4HG)	1#离心泵启动电源开关
25	电源指示灯(5HG)	1#离心泵停止电源开关
26	旋转开关(4SA)	连锁开关
27	电源指示灯(6HG)	2#离心泵启动电源开关
28	电源指示灯(7HG)	2#离心泵停止电源开关
29	旋转开关(5SA)	真空泵电源开关
30	黄色指示灯	空气开关通电状态指示
31	绿色指示灯	空气开关通电状态指示
32	红色指示灯	空气开关通电状态指示
33	空气开关(1QF)	电源总开关

5.4.1 开车前准备

1. 由相关操作人员组成装置检查小组，对本装置所有设备（如管道、阀门、仪表、电气、照明设备、保温设备等）按工艺流程图要求和专业技术要求进行检查。

2. 检查所有仪表是否处于正常状态。

3. 检查所有设备是否处于正常状态。

4. 试电。

(1)检查外部供电系统，确保控制柜上所有开关均处于关闭状态。

(2)开启外部供电系统总电源开关。

(3)打开控制柜上的空气开关（1QF）33。

(4)打开空气开关（2QF）10、仪表电源开关（SA1）8，查看所有仪表是否上电，指示是否正常。

5. 加装实训用水。关闭原料槽排水阀V01，原料槽加水至浮球阀关闭，关闭自来水。

5.4.2 开车

5.4.2.1 输送过程

1. 流体输送。

(1)单离心泵实验（1#离心泵）：开阀V13、V16，关阀V06、V12、V19，启动1#离心泵并开阀V15，由阀V15调节液体流量分别为2 Nm^3/h、3 Nm^3/h、4 Nm^3/h、5 Nm^3/h、6 Nm^3/h、7 Nm^3/h。观察离心泵的进、出口压力大小是否在压力表的量程范围内，进压为-0.05~-0.01 MPa；出压为0~0.15 MPa。

(2)离心泵并联操作：开阀V08、V15、V16，关阀V06、V12、V13、V19，启动1#离心泵并开阀V13，启动2#离心泵并开阀V12，由阀V15调节液体流量分别为3 Nm^3/h、4 Nm^3/h、5 Nm^3/h、6 Nm^3/h、7 Nm^3/h、8 Nm^3/h、9 Nm^3/h、10 Nm^3/h、11 Nm^3/h、12 Nm^3/h，观察离心泵的进、出口压力大小是否在压力表的量程范围内，进压为-0.05~-0.01 MPa；出压为0~0.15 MPa。

注意：双泵并联运行时，应通过控制泵出口阀调节泵的进口压力相近。

(3)泵串联操作：关阀V13、V08、V19，开阀V12、V15、V16，启动1#离心泵并开阀V06，启动2#离心泵，由阀V15调节液体流量分别为2 Nm^3/h、3 Nm^3/h、4 Nm^3/h、5 Nm^3/h、6 Nm^3/h、7 Nm^3/h，观察离心泵的进、出口压力大小是否在压力表的量程范围内，进压为-0.05~-0.01 MPa；出压为0~0.30 MPa。

(4)离心泵的连锁投运如下。

①切除连锁，启动2#离心泵至正常运行后，投运连锁。

②设定好2#离心泵进口压力报警下限值，逐步关小阀门V07，检查泵运转情况。

③当2#离心泵有异常声音产生，同时进口压力低于下限时，操作台发出报警，同时连锁启动：1#离心泵自动启动，2#离心泵自动跳闸停止运转。

④保证流体输送系统的正常稳定进行。

注:当单离心泵无法启动时,应检查连锁是否处于投运状态。

5.4.2.2 真空输送

在离心泵处于停车状态下进行。

1. 开阀 V17、V27。

2. 关阀 V16、V19、V20、V21、V34、V37、V30、V28,并在阀 V30 处加盲板。

3. 启动真空泵,开阀 V29,用阀 V27 控制流体流量,使在吸收塔内均匀淋下。

4. 当吸收塔内液位达到 1/3~2/3 时,关调节阀 V35,开阀 V34、V36,并通过调节阀 V35 控制吸收塔内液位,使其稳定。

5. 用阀 V28 调节吸收塔内真空度,并保持稳定。

5.4.2.3 配比输送

以水和压缩空气作为配比介质,模仿实际的流体介质配比操作。以压缩空气的流量为主流量,以水作为配比流量。

1. 检查阀 V30 处的盲板是否已抽除,阀 V30 是否在关闭状态。

2. 开阀 V28,关阀 V29。

3. 按上述开离心泵步骤启动一台水泵,调节 FIC102 流量在 4 Nm^3/h 左右,并调节吸收塔液位在 1/3~2/3。

4. 启动空气压缩机,缓慢开阀 V32,观察缓冲槽压力上升速度,控制缓冲槽压力≤0.1 MPa。

5. 当缓冲槽压力达到 0.05 MPa 以上时,缓慢开阀 V30,向吸收塔内输送空气,并调节 FI103 流量在 8~10 Nm^3/h。

6. 根据配比需求,调节阀 V19 的开度,观察流量大小。若为自动,则:

①在 C3000 仪表中设定配比值(1:2/1:1/1:3)。

②进行自动控制。

5.4.2.4 管阻力实验

1. 光滑管阻力测定。

在上述单离心泵操作的基础上,开阀 V20、V23、V24,关阀 V16、V18、V27、V21、V22、V25,全开阀 V37。用阀 V15 调节 FIC102 流量分别为 1 Nm^3/h、1.5 Nm^3/h、2 Nm^3/h、2.5 Nm^3/h、3 Nm^3/h,记录光滑管阻力测定数据。

2. 局部管阻力测定。

在光滑管阻力测定操作状态下切换,即关阀 V20、V23、V24,开阀 V21、V22、V25、V26。用阀 V15 调节 FIC102 流量分别为 1 Nm^3/h、1.5 Nm^3/h、2 Nm^3/h、2.5 Nm^3/h、3 Nm^3/h,记录局部管阻力测定数据。

5.4.2.5 盲板操作管理

在实际化工生产中,因为生产、检修等需要在一段时间内,须彻底隔绝部分设备管道的连接，防止阀门渗漏或误操作而发生中毒、爆炸等事故，化工企业经常进行盲板操作。而加强盲板操作管理，对保证化工生产安全、稳定、长周期的运转，杜绝设备、人身伤害（亡）等事故的发生，有着非常重要的现实意义。

1. 对须隔绝设备管口、管道连接处装盲板的部位，提出盲板安装申请。

2. 盲板安装申请批准后，根据管径、生产中的介质、工作温度和压力等条件，选取合适的材质，制作盲板、标识。

3. 盲板安装的同时，挂好标识、编号，安装人、监护人分别在申请表上签名记录。

4. 使用过程中，要定期检查盲板使用情况。

5. 盲板拆除时，拆除人、监护人、复核检查人分别在申请表上签名记录拆除情况。

6. 要定期进行盲板使用台账登记。

7. 盲板使用申请表见表5-5。

表5-5　盲板使用申请表

装置：　　　　　　　　　　年　　月　　日

盲板编号		申请人（签名）		日期	
盲板安装位置		审核人（签名）		日期	
盲板材质		审批人（签名）		日期	
管道介质		安装人（签名）		日期	
管道管径		监护人（签名）		日期	

盲板安装位置示意图：

拆除人（签名）		监护人（签名）		检查人（签名）	
日期		日期		日期	

注：本表一式三份，申请人、批准人、审核人各一份。

5.4.3 停车

1. 按操作步骤分别停止所有运转设备。

2. 开阀 V16、V18、V19、V27、V20、V21、V28、V37，将高位槽、吸收塔中的液体排至原料槽。

【视频 16：流体输送实训操作】

3. 检查各设备、阀门状态，做好记录。

4. 关闭控制柜上各仪表开关。

5. 切断装置总电源。

6. 清理现场，做好设备、电气、仪表等防护工作。

5.4.4 紧急停车

遇到下列情况之一，应紧急停车处理。

1. 离心泵内发出异常的声响。

2. 离心泵突然发生剧烈振动。

3. 电机电流超过额定值持续不降。

4. 离心泵突然不出水。

5. 空气压缩机有异常的声音。

6. 真空泵有异常的声音。

5.4.5 设备维护及检修

1. 检查风机的开、停，正常操作及日常维护。

2. 系统运行结束后，相关操作人员应对设备进行维护，保持现场、设备、管路、阀门清洁，方可离开现场。

3. 定期组织学生进行系统检修演练。

5.4.6 异常现象及处理

流体输送实训装置异常现象及处理见表 5-6。

表 5-6　流体输送实训装置异常现象及处理

序号	异常现象	原因分析	处理方法
1	离心泵启动时不出水	检修后电机接反电源；启动前泵内未充满水；叶轮密封环间隙太大；入口法兰漏气	重新接电源线；排净泵内空气；调整密封环；消除漏气缺陷

表 5-6(续)

序号	异常现象	原因分析	处理方法
2	离心泵运行中发生振动	地脚螺丝松动;原料槽供水不足;泵壳内气体未排净或有汽化现象;轴承盖紧力不够,使轴瓦跳动	紧固地脚螺丝;补充原料槽内水;排尽气体重新启动泵;调整轴承盖紧力为适度
3	离心泵运行中有异常声音	叶轮、轴承松动;轴承损坏或径向紧力过大;电机有故障	紧固松动部件;更新轴承,调整紧力适度;检修电机
4	压力表读数过低(压力表正常)	离心泵内有空气或漏气严重;轴封严重磨损;系统需水量大	排尽离心泵内空气或堵漏;更换轴封;启动备用泵

【视频 17:流体输送实训工艺操作控制指标、异常现象及处理】

5.4.7 正常操作中的故障扰动(故障设置实训)

在流体输送实训正常操作中,教师给出隐蔽指令,通过不定时改变某些阀门、风机或离心泵的工作状态来扰动流体输送系统正常的工作状态,分别模拟出流体输送实际生产过程中的常见故障。学生根据各参数的变化情况、设备运行异常现象,分析故障原因,找出故障并动手排除故障,以提高对工艺流程的认识度和实际动手能力。

1. 离心泵进口加水加不满:在流体输送实训正常操作中,教师给出隐蔽指令,改变离心泵的工作状态(离心泵进口管漏水)。学生通过观察离心泵启动时的变化情况,分析引起系统异常的原因并做处理,使系统恢复到正常操作状态。

2. 真空输送不成功:在流体输送实训正常操作中,教师给出隐蔽指令,改变真空输送的工作状态(真空放空,真空保不住)。学生通过观察吸收塔内压力(真空度)、液位等参数的变化情况,分析引起系统异常的原因并做处理,使系统恢复到正常操作状态。

3. 吸收塔压力异常:在流体输送实训正常操作中,教师给出隐蔽指令,改变空气压缩机的工作状态(空气压缩机跳闸)。学生通过观察吸收塔液位、压力等参数的变化情况,分析引起系统异常的原因并做处理,使系统恢复到正常操作状态。

5.5 实训组织安排

流体输送实训组织安排如下。

每班分成6~8组，每组6~8人，设备开关、DCS控制、仪表读数及记录、高位槽、吸收塔、原料槽、离心泵操作岗位及指挥组长各1人。

5.6 实训报告要求

1. 简述流体输送实训的目的及任务、原理、操作过程。
2. 以小组为单位填写流体输送实训记录表(表5-7)。

表 5-7　流体输送实训记录表

年　　月　　日

序号	时间	高位槽液位/mm	泵出口流量/(L·h^{-1})	1#离心泵进口压力/kPa	1#离心泵出口压力/MPa	2#离心泵进口压力/kPa	2#离心泵出口压力/MPa	缓冲槽压力/MPa	压缩空气流量/(Nm^3·h^{-1})	吸收塔压力/MPa	进吸收塔流量/(L·h^{-1})	吸收塔液位/mm	光滑管阻力/kPa	局部管阻力/kPa	泵功率/kW	泵功率转速/(r·min^{-1})	操作记事
1																	
2																	
3																	
4																	
5																	
6																	异常情况
7																	
8																	
9																	
10																	

操作人：　　　　　　　　　　指导教师：

6 过滤操作实训

6.1 实训目的及任务

6.1.1 目的

1. 按照过滤实训设备的开机前检查与准备、开机、正常工况巡检、停机及故障处理等相关安全规程、设备规程、技术规程的要求，掌握过滤实训设备的开机前检查与准备、开机、停机及故障处理等的操作技能。

2. 操作过程中能按照实训规程，控制好压力、流量、温度等参数，以获得较好的技术经济指标。

3. 能按照要求填写各种生产原始记录及设备运行记录。

6.1.2 任务

1. 能按要求准备好实训所需的材料。

2. 能按开机要求进行系统安全检查。

3. 能按开机要求进行系统试运行。

4. 能做好进料前的准备工作。

5. 能按安全技术操作规程正确进行开机作业。

6. 能按安全技术操作规程正确进行正常工况巡检作业。

7. 能读懂各种仪表显示数据。

8. 能填写各种生产原始记录。

9. 能操作 DCS 对设备参数进行调控。

10. 能填写设备运行记录。

6.2 工业背景

过滤以多孔物质为介质来处理悬浮液，以达到固、液分离的一种操作过程，即在外力的作用下，悬浮液中的液体通过固体颗粒层(即滤渣层)及多孔介质的孔道，使固体颗粒被截留下来形成滤渣层，从而实现固、液分离。过滤是分离悬浮液最普遍、有效的单元操作之一，可获得清洁的液体或固相产品，可使悬浮液分离得更快速、彻底。过滤属于机械操作，与蒸发、干燥等非机械操作相比，其能量消耗较低。因此，过滤在工业中得到广泛的应用。

在冶金生产过程中，过滤过程主要目的是为了将原料或产品固、液两相混合物进行分离，从而实现对物料和产品进行富集与提纯。

6.3 实训工艺流程及设备

6.3.1 实训工艺流程

过滤实训工艺流程示意图如图 6-1 所示。

将碳酸钙($CaCO_3$)粉末与水按一定比例投入配料釜后，启动搅拌罐 V901 形成碳酸钙悬浮液，用浆料泵 P901 送至板框过滤机 X901 进行过滤，滤液流入滤液收集罐 V904，碳酸钙粉末则在滤布上形成滤饼。当框内充满滤饼后，停止输送浆料，用清水对板框内滤渣进行洗涤，洗涤完成后，卸下滤板和滤框，卸去滤饼，洗净滤布。

【视频 18：过滤实训工艺流程简介】

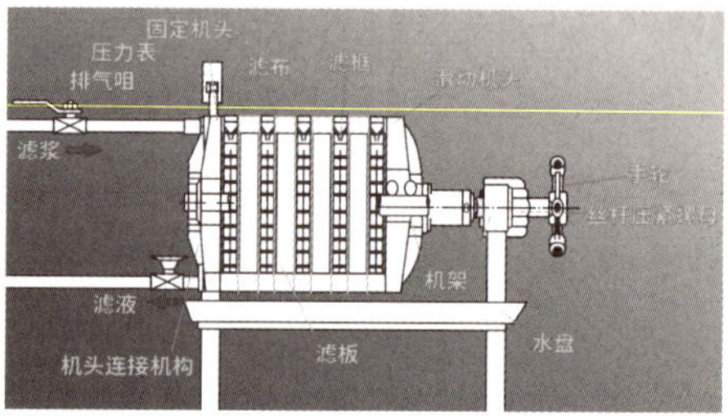

【动画 9：板框过滤机的工作原理】

6.3.2 实训装置的布置

过滤实训装置立面布置图如图 6-2 所示，现场图如图 6-3 所示。本实训装置由浙江中控科教仪器设备有限公司生产。

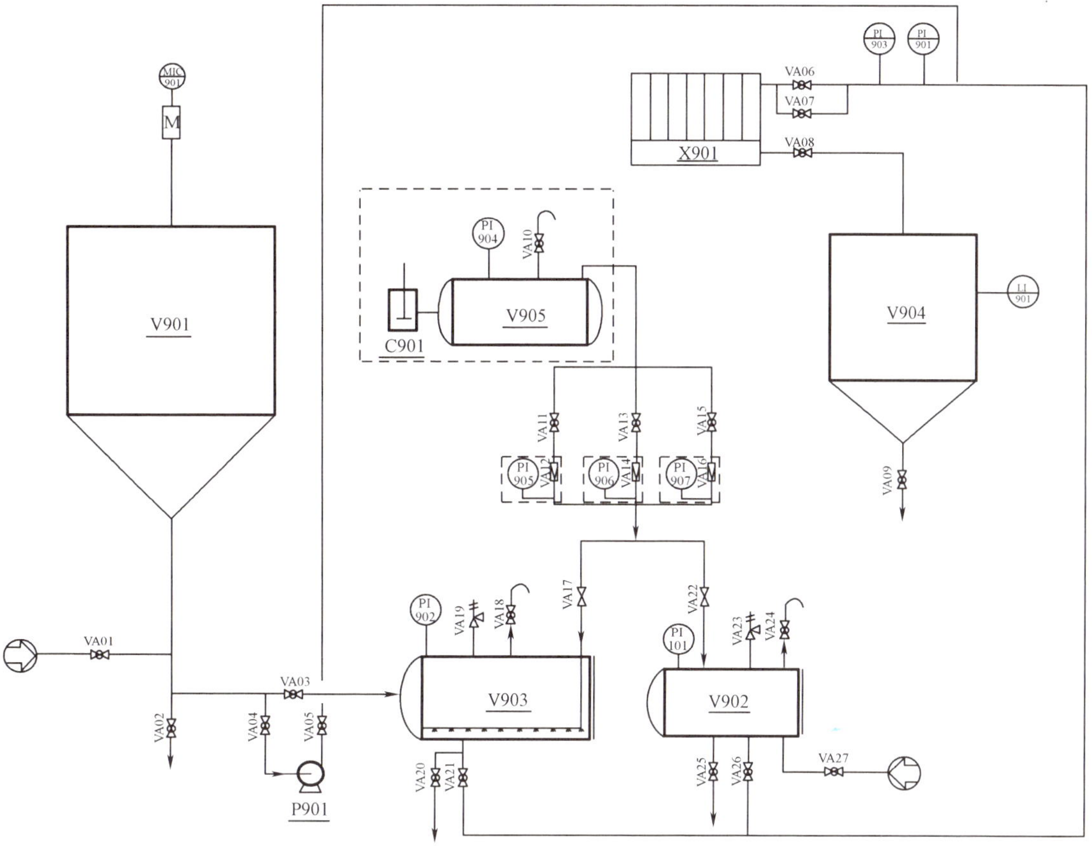

V901—搅拌罐；V902—洗涤罐；V903—原料罐；V904—滤液收集罐；

V905—缓冲罐；P901—浆料泵；C901—空气压缩机；X901—板框过滤机。

图 6-1 过滤实训工艺流程示意图

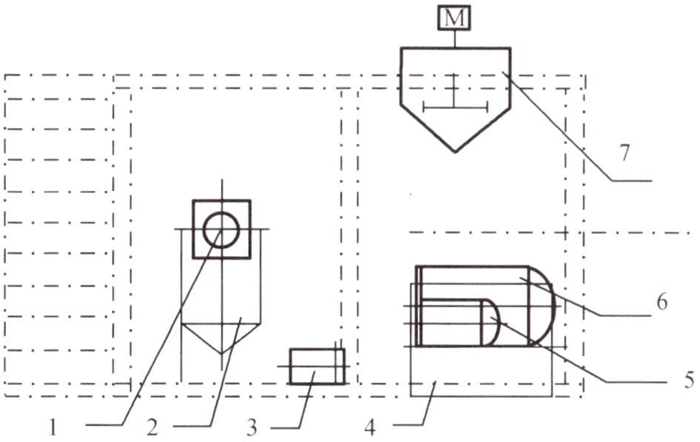

1—板框过滤机；2—滤液收集罐；3—原料罐；4—空气压缩机（带缓冲罐）；

5—洗涤罐；6—原料罐；7—搅拌罐。

图 6-2 过滤实训装置立面布置图

图 6-3　过滤实训装置现场图

6.3.3　实训设备

过滤实训设备一览表见表 6-1。

表 6-1　过滤实训设备一览表

项目	名称	材质	规格	数量
工艺设备系统	板框过滤机	不锈钢	过滤面积 0.9 m^2	1 台
	原料罐	不锈钢	400 mm×400 mm×400 mm	1 个
	搅拌罐	不锈钢	V=300 L	1 个
	洗涤罐	不锈钢	ϕ325 mm×700 mm	1 个
	滤液收集罐	不锈钢	V=150 L	1 个
	搅拌桨	不锈钢(螺旋搅拌桨)	—	1 个
	浆料泵	不锈钢(离心泵) MS60/0.37	P=0.37 kW,Q=3.6 m^3/h	1 个
	搅拌电机	(可调速电机)	P=400 W,n=300 r/min	1 台
	空气压缩机	(往复式空气压缩机) V0.17/7	P=0.15 kW,Q=0.17 m^3/min	1 台
	缓冲罐	不锈钢	ϕ300 mm×680 mm,V=40 L	现场未安装

6.3.4　实训工艺操作指标

1. 温度控制,板框过滤机进口温度(TI901):20~40 ℃。
2. 流量控制,洗涤水流量:0~200 L/h。
3. 压力控制如下。

板框过滤机进口压力(PI903):0.05~0.30 MPa。

空气管道压力调节阀(PI905):约 0.1 MPa。
空气管道压力调节阀(PI906):约 0.2 MPa。
空气管道压力调节阀(PI907):约 0.3 MPa。

6.4 实训操作步骤

过滤实训操作之前,要仔细阅读实训装置操作规程,以便完成实训操作。过滤实训操作界面图如图 6-4 所示,控制面板示意图如图 6-5 所示,控制面板对照表见表 6-2。

注:开车前应检查所有设备、阀门、仪表等所处的状态。

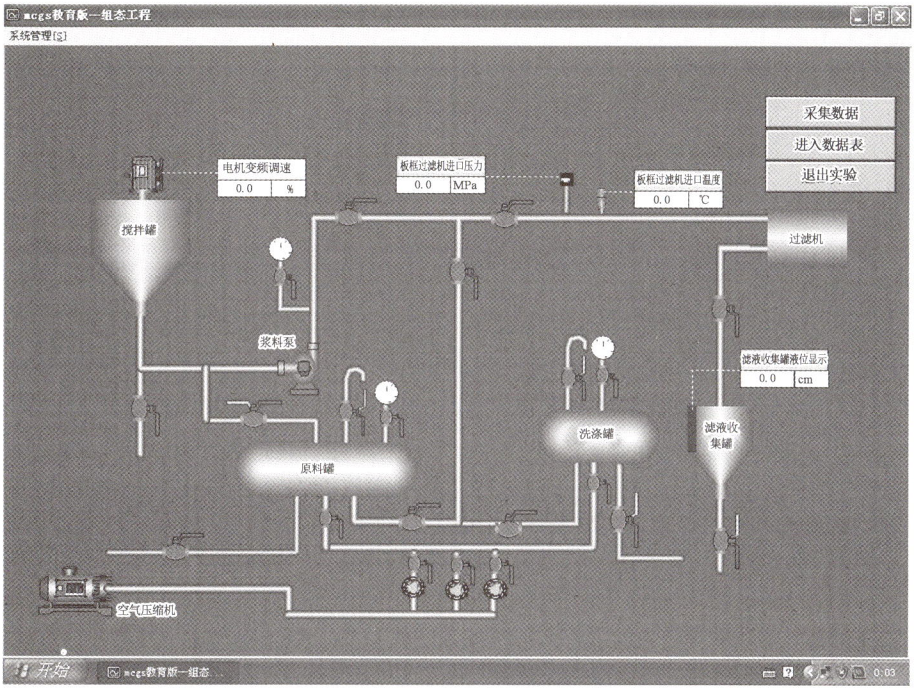

图 6-4 过滤实训操作界面图

6.4.1 开车前准备

1. 由相关操作人员组成装置检查小组,对本装置所有设备(如管道、阀门、仪表、电气、照明设备、保温设备等)按工艺流程图要求和专业技术要求进行检查。

2. 检查所有仪表是否处于正常状态。

3. 检查所有设备是否处于正常状态。

4. 试电。

(1)检查外部供电系统,确保控制柜上所有开关均处于关闭状态。

(2)开启外部供电系统总电源开关。

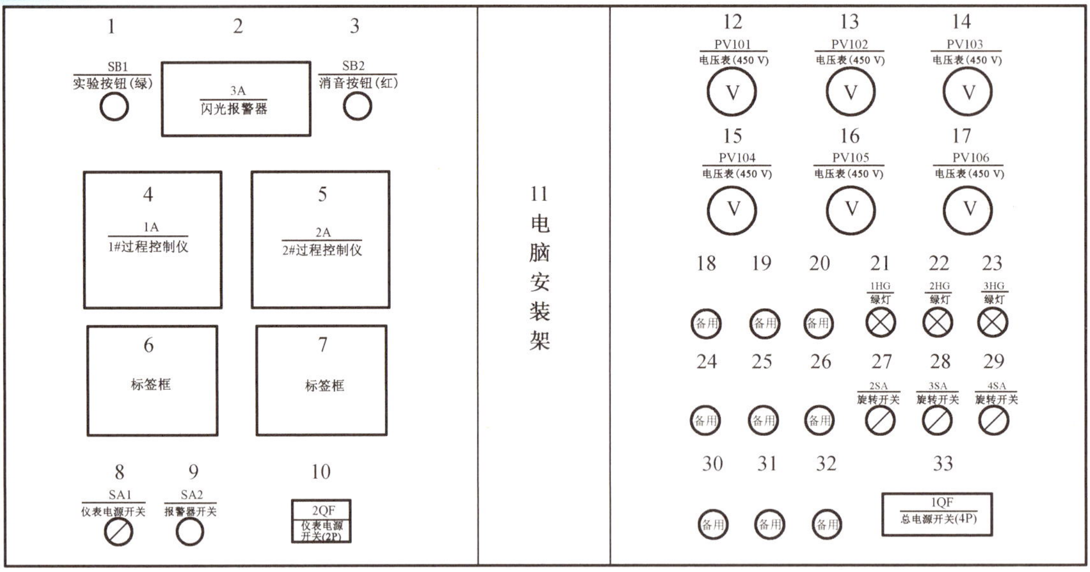

图 6-5　过滤实训控制面板示意图

表 6-2　过滤实训控制面板对照表

序号	名称	功能
1	实验按钮(绿)(SB1)	切换实验状态
2	闪光报警器(3A)	发出报警信号,提醒操作人员
3	消音按钮(红)(SB2)	消除报警声音
4	1#过程控制仪(1A)	工艺参数的远传显示、操作
5	2#过程控制仪(2A)	工艺参数的远传显示、操作
6	标签框	注释仪表通道控制内容
7	标签框	注释仪表通道控制内容
8	仪表电源开关(SA1)	仪表电源开关
9	报警器开关(SA2)	报警系统电源开关
10	仪表电源开关(2P)(2QF)	装置仪表电源总开关
11	电脑安装架	安装电脑
12	电压表(450 V)(PV101)	空气压缩机电压
13	电压表(450 V)(PV102)	浆料泵 U、V 相电压
14	电压表(450 V)(PV103)	搅拌电机 U、V 相电压
15	电压表(450 V)(PV104)	空气压缩机电压
16	电压表(450 V)(PV105)	浆料泵 W 相电压
17	电压表(450 V)(PV106)	搅拌电机 W 相电流
18	—	备用
19	—	备用
20	—	备用

表 6-2(续)

序号	名称	功能
21	绿灯(1HG)	空气压缩机运行指示灯
22	绿灯(2HG)	浆料泵运行指示灯
23	绿灯(3HG)	搅拌电机运行指示灯
24	—	备用
25	—	备用
26	—	备用
27	旋转开关(2SA)	空气压缩机开关
28	旋转开关(3SA)	浆料泵开关
29	旋转开关(4SA)	搅拌电机开关
30	—	备用
31	—	备用
32	—	备用
33	总电源开关(4P)(1QF)	电源总开关

(3)打开控制柜上的总电源开关(4P)(1QF)33。

(4)打开 24 V 电源开关及仪表电源开关(2P)(2QF)10,查看所有仪表是否上电,指示是否正常。

(5)将各阀门顺时针旋转操作到关的状态。

5. 准备原料。根据过滤具体要求,确定原料碳酸钙悬浮液的浓度,含碳酸钙浓度为10%~30%,计算出所需要清水的体积及碳酸钙的质量,用电子秤称好碳酸钙质量备用。

6. 正确装好滤板、滤框。滤布使用前用水浸湿,并绷紧,不能起皱,同时紧贴滤板。密封垫贴紧滤布。

6.4.2 开车

1. 关闭搅拌罐排污阀 VA02,开启搅拌罐进水阀 VA01,注意观察搅拌罐液位,当通入所需一半清水时,开启搅拌装置,把碳酸钙粉末缓慢加入搅拌罐搅拌。

2. 继续加水至搅拌罐规定液位(小于 1/2)处,关闭进水阀 VA01,闭合搅拌罐顶盖。

3. 开启原料罐进口阀 VA03,液位至 2/3 处后,停止进料,关闭阀门 VA03,开启空气压缩机,以及阀门 VA11、阀门 VA12 和阀门 VA17,使容器内的料浆不断搅拌,此时要不断地开启阀门 VA18 进行排气。浆料混合均匀后,开启阀门 VA21、阀门 VA06 及阀门 VA08,观察压力表 PI905 是否为 0.1 MPa。对阀门 VA12 进行微调,压力稳定后,关闭阀门 VA06,开启阀门 VA07,进行恒压过滤。记录一定时间内滤液收集罐中的滤液体积。原料罐原料不足时停止实验。

4. 用上述方法可以实验不同压力下恒压过滤,并记录不同压力下的数据。

5. 过滤结束后,关闭阀门 VA17、阀门 VA21,开启阀门 VA27,并向洗涤罐内通入清水,至 2/3 液位处，关闭阀门 VA27，开启阀门 VA22 和阀门 VA26，进行洗涤实验。可通过观察滤液的混浊变化来判断是否结束。

6. 实验结束后，停空气压缩机，开启滤液收集罐出口阀 VA08，放空滤液。

7. 开启浆料泵进口阀 VA04、出口阀 VA05 和板框进口阀 VA06、板框出口阀 VA08，关闭滤液收集罐出口阀 VA09，开启浆料泵进行过滤实验。

6.4.3 停车

1. 关闭浆料泵，将搅拌罐剩余浆料通过排污阀直接排掉，关闭排污阀 VA02，开启进水阀 VA01，清洗搅拌罐。

2. 用清水洗净浆料泵、原料罐。

3. 拆开板框过滤机，回收滤饼，以备下次实验时使用。

4. 冲洗滤框、滤板，刷洗滤布，滤布不要打折。

5. 开启原料罐、滤液收集罐的排污阀（VA20、VA09），排掉容器内的液体，并清空罐体。

【视频 19：过滤实训操作】

6. 进行现场清理，保持各设备、管路洁净。

7. 切断控制台、仪表盘电源。

8. 做好操作记录，计算出恒压过滤常数。

6.4.4 正常操作注意事项

1. 配置原料时，清水一定从下部通入，防止浆料罐出口管路堵塞。

2. 过滤压力不得大于 0.2 MPa。

3. 实验结束后，要及时清洗管路、设备及浆料泵，确保整个装置清洁。

6.4.5 设备维护及检修

1. 检查离心泵的开、停，正常操作及日常维护。

2. 掌握板框过滤机的构造、工作原理、正常操作及维护。

3. 掌握主要阀门的位置、类型、构造、工作原理、正常操作及维护。

4. 掌握压力变送器、温度传感器的测量原理；温度、压力显示仪表的正常使用及维护。

6.4.6 异常现象及处理

过滤实训装置异常现象及处理见表 6-3。

表 6-3 过滤实训装置异常现象及处理

异常现象	原因分析	处理方法
过滤出的清液浑浊	过滤时间短	延长过滤时间
	滤布安装不紧密	停止实验,拆开板框过滤机,检查板框安装是否正确
	滤布损坏	停止实验,拆开板框过滤机,更换滤布
过滤一段时间后不流滤液	过滤压强太小	在确保安全情况下增大过滤压强
原料管路堵塞,原料断路	原料中固体颗粒过大	停止实验,疏通管路,配料前粗滤固体物质

【视频 20:过滤实训工艺操作控制
指标、异常现象及处理】

6.5 实训组织安排

过滤实训组织安排如下。

每班分成 6~8 组,每组 6~8 人,设备开关、DCS 控制、仪表读数及记录、板框过滤机、加料、出料操作及指挥组长各 1 人。

6.6 实训报告要求

1. 简述过滤实训的目的及任务、原理、操作过程。
2. 以小组为单位填写过滤实训记录表(表 6-4)。

表 6-4 过滤实训记录表

压力调节阀压力/MPa										
原料罐压力/MPa										
板框过滤机进口压力/MPa										
板框过滤机进口温度/℃										
滤液收集罐液位/mm										
同一滤液高度所需时间/s										
浆料浓度/%										

表 6-4(续)

操作记事	
异常情况处理	

操作学生：

指导教师：

实验日期：

7 萃取操作实训

7.1 实训目的及任务

7.1.1 目的

(1)按照萃取实训设备的开机前检查与准备、开机、正常工况巡检、停机及故障处理等相关安全规程、设备规程、技术规程的要求,掌握萃取实训设备的开机前检查与准备、开机、停机及故障处理等的操作技能。

(2)操作过程中能按照实训规程,控制好温度、流量、压力等参数,以获得较好的技术经济指标。

(3)能按照要求填写各种生产原始记录及设备运行记录。

7.1.2 任务

1. 能按要求准备好实训所需的材料。
2. 能按开机要求进行系统安全检查。
3. 能按开机要求进行系统试运行。
4. 能做好进料前的准备工作。
5. 能按安全技术操作规程正确进行开机作业。
6. 能按安全技术操作规程正确进行正常工况巡检作业。
7. 能读懂各种仪表显示数据。
8. 能填写各种生产原始记录。
9. 能操作 DCS 对设备参数进行调控。
10. 能填写设备运行记录。

7.2 工业背景

萃取是利用混合物中各组分在外加溶剂中的溶解度差异而实现分离的单元操作。液-液萃取是实际工业生产中一种常见的分离液态混合物方式。利用萃取分离液态混合物分离效率高,运行费用低廉,能取得良好的工业效果。因此,液-液萃取装置是冶金、化工领域中常见的装置。萃取在现代铜湿法冶金、铟的提取过程中得到了广泛应用。

本实训以水为萃取剂,从煤油中萃取苯甲酸。水相为萃取相(又称连续相、重相),煤油相为萃余相(又称分散相、轻相)。轻相由塔底进入,作为分散相向上流动,经塔顶分离段分离后由塔顶流出;重相由塔顶进入,作为连续相向下流动至塔底流出。轻、重两相在塔内呈逆向流动。在萃取过程中,苯甲酸部分地从萃余相转移至萃取相,萃取相及萃余相进出口浓度由容量分析法测定。考虑水与煤油完全不互溶,且苯甲酸在两相中的浓度都很低,可认为在萃取过程中两相液的体积流量不发生变化。

7.3 实训工艺流程及设备

7.3.1 实训工艺流程

萃取实训工艺流程示意图如图 7-1 所示。

加入约 1%苯甲酸-煤油溶液至轻相储槽 V203,液位为 1/2~2/3,加入清水至重相储槽 V205,液位为 1/2~2/3,启动萃取剂泵 P202,将清水由上部加入萃取塔 T201 内,形成并维持萃取剂循环状态,再启动原料泵 P201,将苯甲酸-煤油溶液由下部加入萃取塔 T201 内,通过控制合适的塔底重相(萃取相)采出流量(24~40 L/h),维持塔顶轻相液位在视盅低端 1/3 处左右。启动高压气泵,向萃取塔 T201 内加入空气,增大轻、重相接触面积,加快轻、重相传质速度。系统稳定后,在轻相出口和重相出口处,取样分析苯甲酸含量,经过分相器 V206 分离后,轻相采出至萃余相储槽 V202,重相采出至萃取相储槽 V204。改变空气量和轻、重相的进出口物料流量,取样分析,比较不同操作条件下的萃取效果。

【视频 21:萃取实训工艺流程简介】

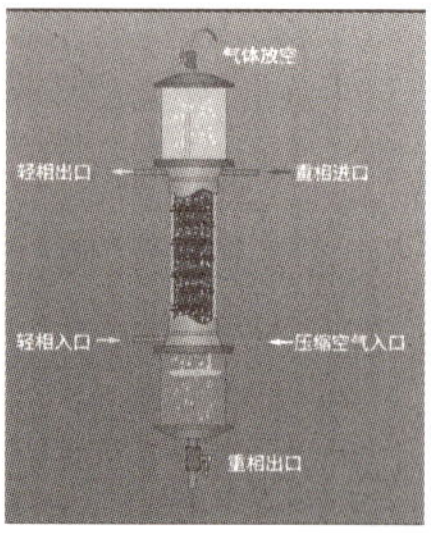

【动画 10:萃取塔的工作原理】

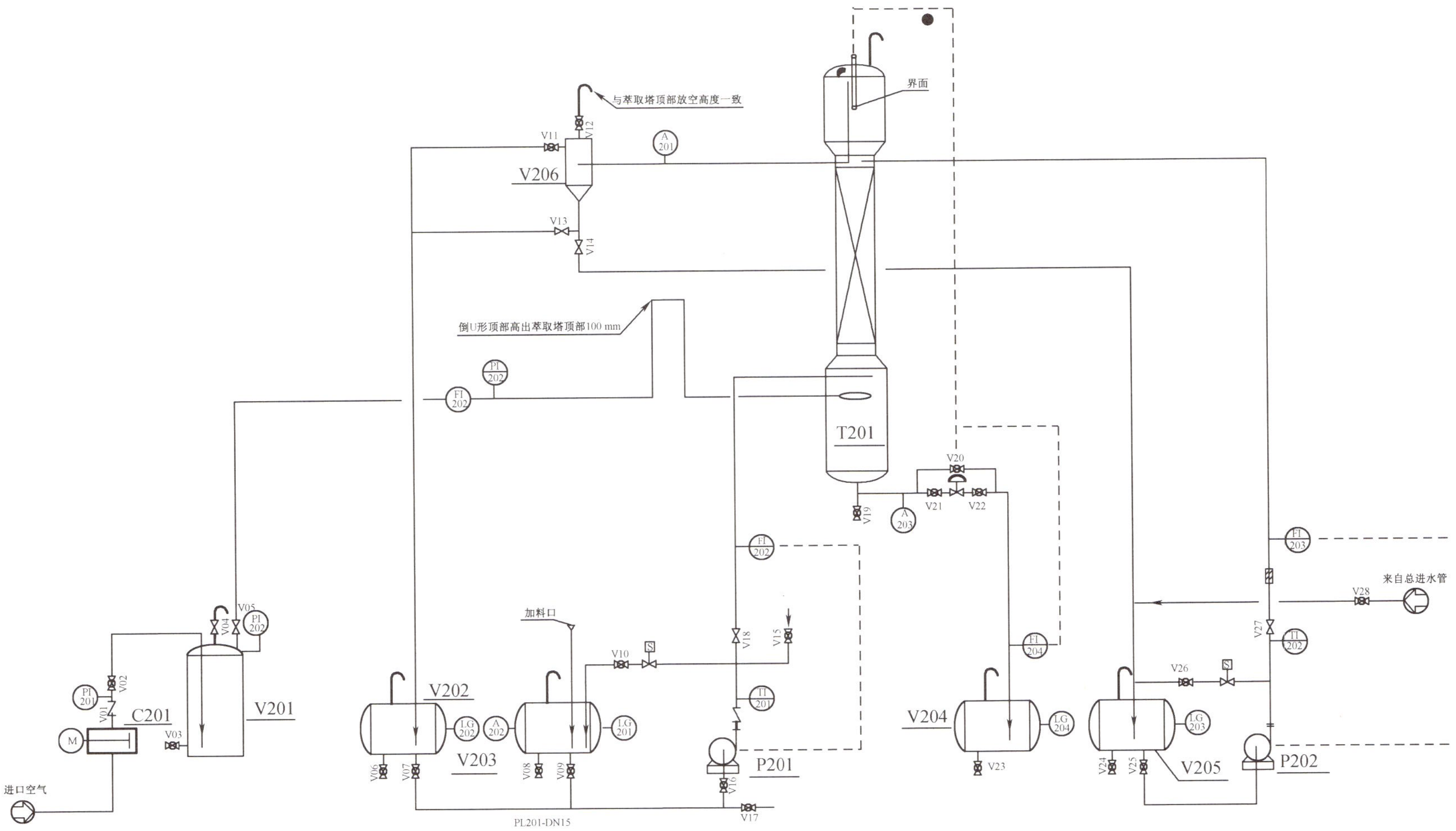

V201—空气缓冲罐；V202—萃余相储槽；V203—轻相储槽；V204—萃取相储槽；V205—重相储槽；
V206—分相器；P201—原料泵；P202—萃取剂泵；C201——气泵；T201—萃取塔。

图 7-1 萃取实训工艺流程示意图

7.3.2 实训装置的布置

萃取实训装置立面布置图如图 7-2 所示，现场图如图 7-3 所示。本实训装置由浙江中控科教仪器设备有限公司生产。

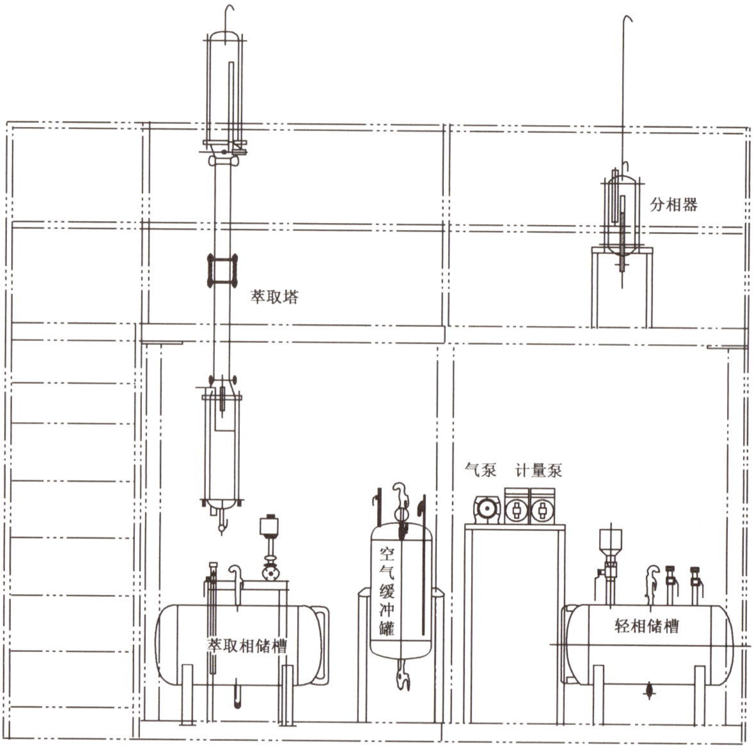

图 7-2 萃取实训装置立面布置图

图 7-3 萃取实训装置现场图

7.3.3 实训设备

萃取实训设备一览表见表 7-1。

表 7-1 萃取实训设备一览表

项目	名称	材质	规格
工艺设备系统	缓冲罐	不锈钢	ϕ300 mm×200 mm
	萃取相储槽	不锈钢	ϕ400 mm×600 mm
	轻相储槽	不锈钢	ϕ400 mm×600 mm
	萃余相储槽	不锈钢	ϕ400 mm×600 mm
	重相储槽	不锈钢	ϕ400 mm×600 mm
	分相器	玻璃	ϕ125 mm×320 mm
	萃取剂泵	计量泵	Q=60 L/h
	原料泵	计量泵	Q=60 L/h
	萃取塔	硬质玻璃(主体)	ϕ125 mm×1 200 mm
		不锈钢(上、下扩大段)	ϕ200 mm×200 mm
		不锈钢(填料)	—
	气泵	(小型压缩机)	—

7.3.4 实训工艺操作指标

1. 温度控制如下。

原料泵出口温度:室温。

萃取剂泵出口温度:室温。

2. 流量控制如下。

萃取塔进口空气流量:10~50 L/h。

原料泵出口流量:20~50 L/h。

萃取剂泵出口流量:20~50 L/h。

3. 液位控制如下。

水位达到萃取塔塔顶(玻璃视镜段)1/3 位置。

4. 压力控制如下。

气泵出口压力:0.01~0.02 MPa。

缓冲罐压力:0~0.02 MPa。

空气管道压力控制:0.01~0.03 MPa。

7.4 实训操作步骤

萃取实训操作之前,要仔细阅读实训装置操作规程,以便完成实训操作。萃取实训操作界面图如图 7-4 所示,控制面板示意图如图 7-5 所示,控制面板对照表见表 7-2。

注:开车前应检查所有设备、阀门、仪表等所处的状态。

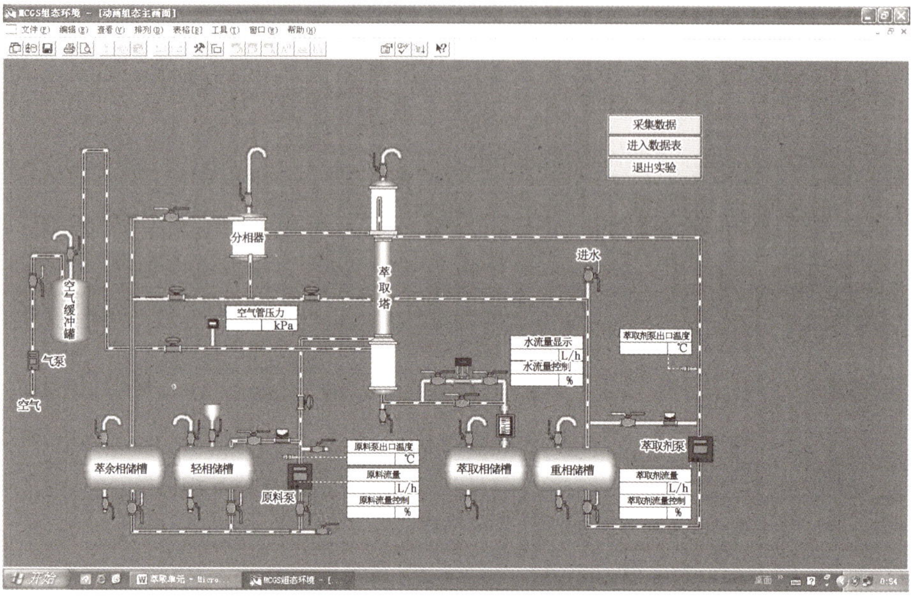

图 7-4 萃取实训操作界面图

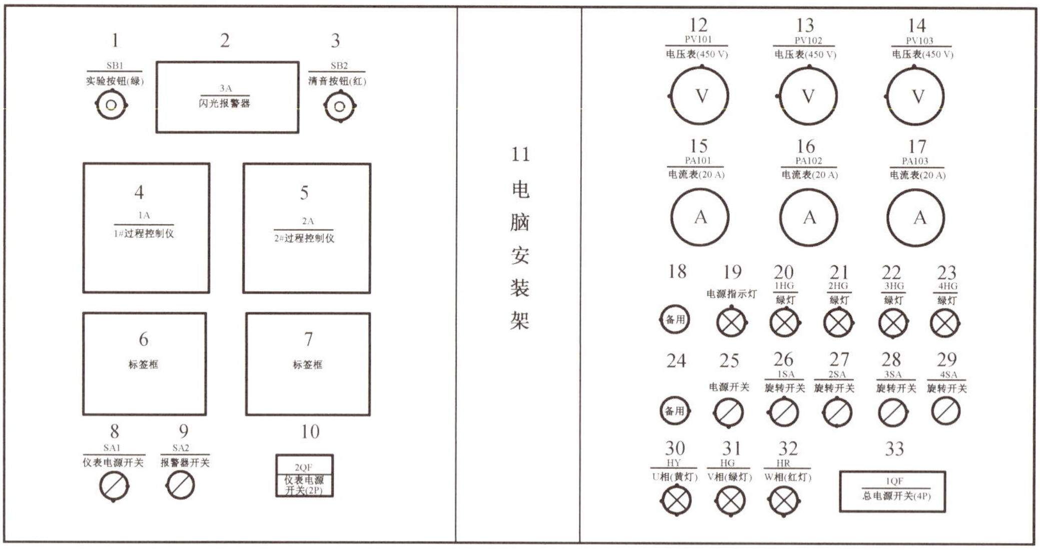

图 7-5 萃取实训控制面板示意图

表 7-2 萃取实训控制面板对照表

序号	名称	功能
1	实验按钮(绿)(SB1)	切换实验状态
2	闪光报警器(3A)	发出报警信号,提醒操作人员
3	消音按钮(红)(SB2)	消除警报声音
4	1#过程控制仪(1A)	工艺参数的远传显示、操作
5	2#过程控制仪(2A)	工艺参数的远传显示、操作
6	标签框	注释仪表通道控制内容
7	标签框	注释仪表通道控制内容
8	仪表电源开关(SA1)	仪表电源开关
9	报警器开关(SA2)	报警系统电源开关
10	仪表电源开关(2P)(2QF)	装置仪表电源总开关
11	电脑安装架	安装电脑
12	电压表(450 V)(PV101)	原料泵工作电压
13	电压表(450 V)(PV102)	萃取剂泵工作电压
14	电压表(450 V)(PV103)	气泵工作电压
15	电流表(20 A)(PA101)	原料泵工作电流
16	电流表(20 A)(PA102)	萃取剂泵工作电流
17	电流表(20 A)(PA103)	气泵工作电流
18	—	备用
19	电源指示灯	开关电源运行状态指示
20	绿灯(1HG)	电动调节阀运行状态指示
21	绿灯(2HG)	原料泵运行状态指示
22	绿灯(3HG)	萃取剂泵运行状态指示
23	绿灯(4HG)	气泵运行状态指示
24	—	备用
25	电源开关	电源开关
26	旋转开关(1SA)	电动调节阀电源开关
27	旋转开关(2SA)	原料泵电源开关
28	旋转开关(3SA)	萃取剂泵电源开关
29	旋转开关(4SA)	气泵电源开关
30	U 相(黄灯)(HY)	空气开关通电状态指示
31	V 相(绿灯)(HG)	空气开关通电状态指示
32	W 相(红灯)(HR)	空气开关通电状态指示
33	总电源开关(4P)(1QF)	电源总开关

7.4.1 开车前准备

1. 由相关操作人员组成装置检查小组，对本装置所有设备（如管道、阀门、仪表、电气、照明设备、保温设备等）按工艺流程图要求和专业技术要求进行检查。

2. 检查所有仪表是否处于正常状态。

3. 检查所有设备是否处于正常状态。

4. 试电。

（1）检查外部供电系统，确保控制柜上所有开关均处于关闭状态。

（2）开启外部供电系统总电源开关。

（3）打开控制柜上的总电源开关（4P）（1QF）33。

（4）打开装置仪表电源开关（2P）（2QF）10、仪表电源开关（SA1）8，查看所有仪表是否上电，指示是否正常。

（5）将各阀门顺时针旋转操作至关的状态。

5. 准备原料。

（1）取苯甲酸一瓶（0.5 kg）、煤油 50 kg，在敞口容器内配制成苯甲酸-煤油饱和溶液，并滤去溶液中未溶解的苯甲酸。

（2）将苯甲酸-煤油饱和溶液加入轻相储槽，至其容积的 1/2～2/3。

（3）在重相储槽内加入自来水，控制水位在 1/2～2/3 处。

7.4.2 开车

1. 关闭萃取塔排污阀 V19、萃取相储槽排污阀 V23、萃取塔液相出口阀及其旁路阀（V33、V21、V22）。

2. 开启萃取剂泵进口阀 V25，启动萃取剂泵，打开萃取剂泵出口阀 V27，以萃取剂泵的较大流量（40 L/h）从萃取塔顶向系统加入清水，当水位达到萃取塔塔顶（玻璃视镜段）1/3 位置时，打开萃取塔重相出口阀（V21、V22），调节重相出口调节阀 V33，控制萃取塔顶液位，使其稳定。

3. 在萃取塔液位稳定基础上，将萃取剂泵出口流量降至 24 L/h，萃取塔重相出口流量控制在 24 L/h。

4. 打开缓冲罐入口阀 V02，启动气泵，关闭空气缓冲罐放空阀 V04，打开缓冲罐气体出口阀 V05，调节适当的空气流量，保证一定的鼓泡数量。

5. 观察萃取塔内气液运行情况，调节萃取塔出口流量，维持萃取塔塔顶液位在玻璃视镜段 1/3 处位置。

6. 打开原料泵进口阀 V16 及出口阀 V18，启动原料泵，将原料泵出口流量调节至 12 L/h，向系统内加入苯甲酸-煤油饱和溶液，观察塔内油-水接触情况，控制油-水界面稳定在玻璃视镜段 1/3 处位置。

7. 轻相逐渐上升，由塔顶出液管溢出至分相器，在分相器内油-水再次分层，轻相层经分相器轻相出口管道流出至萃余相储槽,重相经分相器底部出口阀后进入萃取相储槽,分相器内油-水界面控制以重相高度不得高于分相器底封头 5 cm 为准。

8. 当萃取系统稳定运行 20 min 后,在萃取塔出口处取样口(A201、A203)采样分析。

9. 改变鼓泡空气、轻相、重相流量,获得 3~4 组实验数据,做好操作记录。

7.4.3 停车

1. 停止原料泵,关闭原料泵进、出口阀门。
2. 将萃取剂泵流量调整至最大,使萃取塔及分相器内轻相全部排入萃余相储槽。
3. 当萃取塔内、分相器内轻相均排入萃余相储槽后,停止萃取剂泵,关闭萃取剂泵出口阀 V27,将分相器内重相、萃取塔内重相排空。
4. 进行现场清理,保持各设备、管路的洁净。
5. 做好操作记录。
6. 切断控制台、仪表盘电源。

【视频 22:萃取实训操作】

7.4.4 正常操作注意事项

1. 按照要求巡查各界面、温度、压力、流量液位值并做好记录。
2. 分析萃取、萃余相的浓度并做好记录,能及时判断各指标是否正常;能及时排污。
3. 控制进、出塔重相流量相等,控制油-水界面稳定在玻璃视镜段 1/3 处位置。
4. 控制好进塔空气流量,防止引起液泛,保证良好的传质效果。
5. 当停车操作时,要注意及时开启分凝器的排水阀,防止重相进入轻相储槽。
6. 用酸碱滴定法分析苯甲酸浓度。

7.4.5 设备维护及检修

1. 检查磁力泵的开、停,正常操作及日常维护。
2. 检查气泵的开、停,正常操作及日常维护。
3. 掌握填料萃取塔的构造、工作原理、正常操作及维护。
4. 掌握主要阀门(萃取塔顶界面调节;重相、轻相流量调节)的位置、类型、构造、工作原理、正常操作及维护。
5. 掌握温度、流量、界面的测量原理;温度、压力显示仪表及流量控制仪表的正常使用。
6. 定期组织学生进行系统检修演练。

7.4.6 异常现象及处理

萃取实训装置异常现象及处理见表 7-3。

表 7-3　萃取实训装置异常现象及处理

异常现象	原因分析	处理方法
重相储槽中轻相含量高	轻相从塔底混入重相储槽	减小轻相流量，加大重相流量并减小采出量
轻相储槽中重相含量高	重相从塔底混入轻相储槽	减小重相流量，加大轻相流量并减小采出量
	重相由分相器内带入轻相储槽	及时将分相器内重相排入重相储槽
分相不清晰、溶液乳化、萃取塔液泛	进塔空气流量过大	减小空气流量
轻相、重相传质不好	进塔空气流量过小，轻相加入量过大	加大空气流量，减小轻相加入量，或增加重相加入量

7.4.7　正常操作中的故障扰动（故障设置实训）

在萃取实训正常操作中，教师给出隐蔽指令，通过不定时改变某些阀门、泵的工作状态来扰动萃取系统正常工作状态，模拟出实际萃取生产过程中的常见故障。学生根据各参数的变化情况、设备运行异常现象，分析故障原因，找出故障并动手排除故障，以提高对工艺流程的深化理解和实际动手能力。

1. 气泵跳闸：在萃取实训正常操作中，教师给出隐蔽指令，改变气泵的工作状态。学生通过观察萃取塔内液体流动状态、界面及液位等参数的变化情况，分析引起系统异常的原因并做处理，使系统恢复到正常操作状态。

2. 分相器液位失调：在萃取实训正常操作中，教师给出隐蔽指令，改变分相器的工作状态。学生通过观察萃取塔界面、液位及重相、轻相出料等参数的变化情况，分析引起系统异常的原因并做处理，使系统恢复到正常操作状态。

3. 空气进料管倒“U”进料误操作：在萃取实训正常操作中，教师给出隐蔽指令，改变萃取塔空气进口管阀的工作状态。学生通过观察萃取塔内流动状态、界面和液位等参数的变化情况，分析引起系统异常的原因并做处理，使系统恢复到正常操作状态。

4. 重相流量改变：在萃取实训正常操作中，教师给出隐蔽指令，改变重相泵出口阀的工作状态。学生通过观察萃取塔内流动状态、界面和液位等参数的变化情况，分析引起系统异常的原因并做处理，使系统恢复到正常操作状态。

5. 轻相流量改变：在萃取实训正常操作中，教师给出隐蔽指令，改变原料泵出口阀的工作状态。学生通过观察萃取塔内流动状态、界面和液位等参数的变化情况，分析引起系统异常的原因并做处理，使系统恢复到正常操作状态。

7.5 实训报告要求

1. 简述萃取实训的目的及任务、原理、操作过程。
2. 以小组为单位填写萃取实训记录表(表 7-4)。

表 7-4 萃取实训记录表

时间	缓冲罐压力/MPa	分相器液位/mm	空气流量/($m^3\cdot h^{-1}$)	萃取相流量/($L\cdot h^{-1}$)	萃余相流量/($L\cdot h^{-1}$)	萃取相进口浓度/mg(NaOH)	萃余相进口浓度/mg(NaOH)	萃取相出口浓度/mg(NaOH)	萃取效率/%	操作记事
										异常情况记录

操作学生:
指导教师:
操作日期:

8 间歇反应釜操作实训

8.1 实训目的及任务

8.1.1 目的

1. 按照间歇反应釜设备实训的开机前检查与准备、开机、正常工况巡检、停机及故障处理等相关安全规程、设备规程、技术规程的要求，掌握蒸发实训设备的开机前检查与准备、开机、停机及故障处理等的操作技能。

2. 操作过程中能按照实训规程，控制好温度、流量、压力等参数，以获得较好的技术经济指标。

3. 能按照要求填写各种生产原始记录及设备运行记录。

8.1.2 任务

1. 能按要求准备好实训所需的材料。

2. 能按开机要求进行系统安全检查。

3. 能按开机要求进行系统试运行。

4. 能做好进料前的准备工作。

5. 能按安全技术操作规程正确进行开机作业。

6. 能按安全技术操作规程正确进行正常工况巡检作业。

7. 能读懂各种仪表显示数据。

8. 能填写各种生产原始记录。

9. 能操作 DCS 对设备参数进行调控。

10. 能填写设备运行记录。

8.2 工业背景

工业中的化学反应绝大部分是在反应器内进行的,因此,反应器是化工生产的核心设备。而间歇釜式反应器是化工生产中广泛应用的一种反应设备,主要用于液相反应,且在反应器的生产能力、反应的选择性及保证产品质量等方面具有独特的优点。因此,间歇反应釜在医药、印染、精细化工、高分子合成材料、黏合剂、涂料等多种行业中得到广泛应用。

从环保和安全的角度出发,本装置采用乙醇-水作为模拟物料,利用可控加热管模拟工业中的放热反应。

8.3 实训工艺流程及设备

8.3.1 实训工艺流程

间歇反应釜实训工艺流程示意图如图 8-1 所示。

8.3.1.1 常压流程

物料从原料槽 V802a 和 V802b 按一定的比例进入反应釜 R801 内,通过串级控制调节系统,使反应釜 K801 内温度和压力稳定在规定范围内。开始模拟化学反应,放空不凝气,反应中产生的气体经蒸馏柱 H801 初步分离后,再经冷凝器 E801 冷凝。冷凝后的产物根据需要可以分为两路:一路收集到冷凝液槽 V804;另一路回流到反应釜 R801 内。一次反应结束后,反应釜 K801 内的物料进入中和釜 R802,利用中和液槽 V805 的中和液对反应产物进行中和,中和后的产品收集到产品储槽 V806。

8.3.1.2 真空流程

本装置配置了真空流程,主物料流程与常压流程相同。在冷凝液槽 V804、中和釜 R802 上均设置抽真空阀,被抽出的系统物料气体经真空总管进入冷凝液槽 V804,然后由真空泵 P804 抽出放空。

8.3.1.3 水浴流程

热水槽 V803 或冷水槽 V801 内的水经循环泵 P803 输送到反应釜 R801、中和釜 R802 夹套内。反应釜 R801 夹套出水流程为:根据反应釜 R801 夹套温度,控制热水槽 V803 或冷水槽 V801 出水电磁阀的开关,同时,根据反应釜 R801 夹套出口温度,选择反应釜 R801 夹套出水到冷水槽 V801 或热水槽 V803 或自循环。中和釜 R802 夹套内的水回流到热水槽 V803。

【视频 23:间歇反应釜实训工艺流程简介】

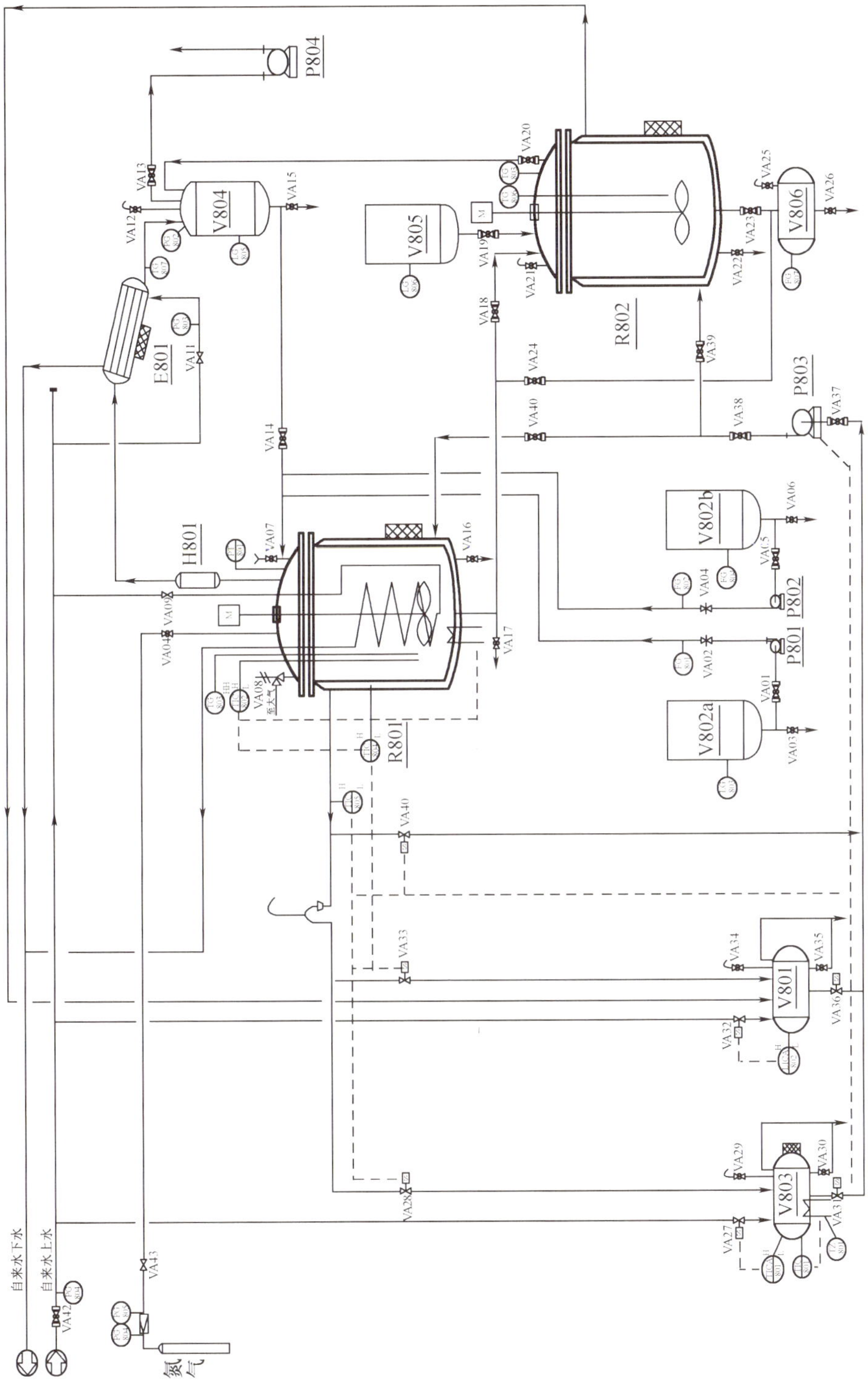

V801—冷水槽；V802a—原料槽a；V802b—原料槽b；V803—热水槽；V804—冷凝液槽；V805—中和液槽；V806—产品储槽；P801、P802—进料泵；P803—循环泵；P804—真空泵；R801—反应釜；R802—中和釜；H801—蒸馏柱；E801—冷凝器。

图8-1 间歇反应釜实训工艺流程示意图

8.3.2 实训装置的布置

间歇反应釜实训装置立面布置图如图 8-2 所示,现场图如图 8-3 所示。本实训装置由浙江中控科教仪器设备有限公司生产。

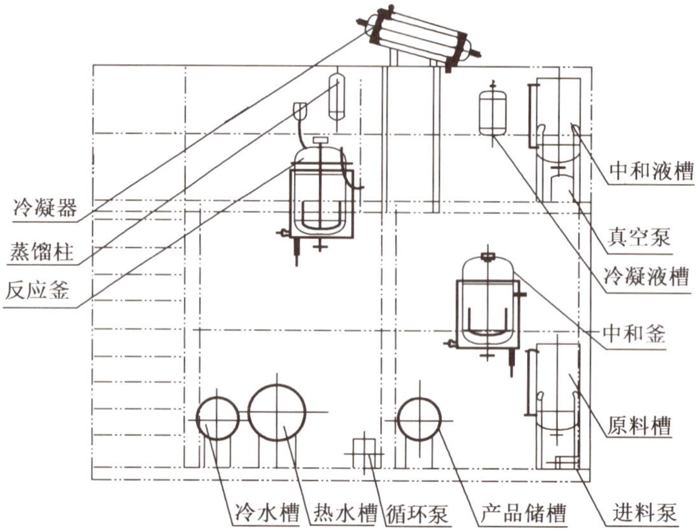

图 8-2 间歇反应釜实训装置立面布置示意图

图 8-3 间歇反应釜实训装置现场图

8.3.3 实训设备

间歇反应釜实训静设备一览表见表 8-1,动设备一览表见表 8-2。

表 8-1 间歇反应釜实训静设备一览表

编号	名称	材质	规格	形式	数量/个
1	反应釜	不锈钢	V=50 L,常压,带冷却盘管、电加热管,带搅拌电机、安全阀	立式	1
2	中和釜	不锈钢	V=50 L,常压,带搅拌电机	立式	1
3	原料槽	不锈钢	ϕ325 mm×630 mm,V=48 L	立式	2
4	中和液槽	不锈钢	ϕ325 mm×630 mm,V=48 L	立式	1
5	产品储槽	不锈钢	ϕ325 mm×760 mm,V=50 L	卧式	1
6	热水槽	不锈钢	ϕ426 mm×880 mm,V=50 L	卧式	1
7	冷水槽	不锈钢	ϕ325 mm×760 mm,V=50 L	卧式	1
8	冷凝液槽	不锈钢	ϕ200 mm×340 mm,V=9 L	立式	1
9	冷凝器	不锈钢	ϕ260 mm×750 mm,F=0.26 m^2	卧式	1
10	蒸馏柱	不锈钢	ϕ100 mm×300 mm,V=2 L	立式	1

表 8-2 间歇反应釜实训动设备一览表

编号	名称	规格	数量/个
1	进料泵	增压泵,$H_{扬}$=10 m;Q_{max}=20 L/min;U=220 V	2
2	真空泵	不锈钢旋片真空泵,Q_{max}=4 L/s;U=380 V	1
3	循环泵	不锈钢离心泵,$H_{扬}$=11.5 m;Q_{max}=1 m^3/h;U=380 V	1

8.3.4 实训工艺操作指标

1. 温度控制如下。

热水槽温度:60~95 ℃。

反应釜内温度:50~80 ℃。

反应釜夹套温度:50~90 ℃。

反应釜夹套出口温度:35~60 ℃。

竖式冷却器温度:50~90 ℃。

中和釜温度:50~80 ℃。

2. 流量控制如下。

原料槽 a 流量:20~80 L/h。

原料槽 b 流量:20~80 L/h。

冷却水流量:50~160 L/h。

3. 液位控制如下。

原料槽 a 液位:0~500 mm。

原料槽 b 液位:0~500 mm。

热水槽液位:0~300 mm。

循环水槽液位:0~300 mm。

冷凝液槽液位:0~400 mm。

4. 压力控制如下。

反应釜压力:0~0.02 MPa。

中和釜压力:0~0.02 MPa。

冷凝液槽压力:0~0.02 MPa。

冷却水进口压力:0.01~0.30 MPa。

8.4 实训操作步骤

间歇反应釜实训操作之前,要仔细阅读实训装置操作规程,以便完成实训操作。间歇反应釜操作界面图如图 8-4 所示,控制面板示意图如图 8-5 所示,控制面板对照表见表 8-3。

注:开车前应检查所有设备、阀门、仪表等所处的状态。

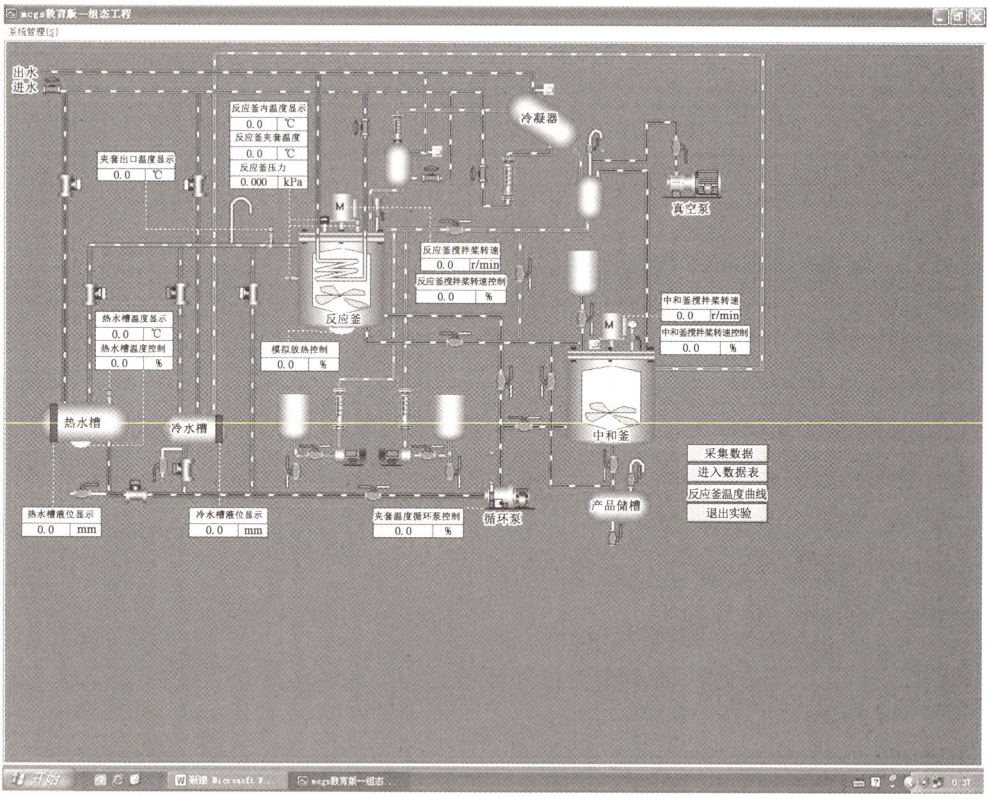

图 8-4 间歇反应釜实训操作界面图

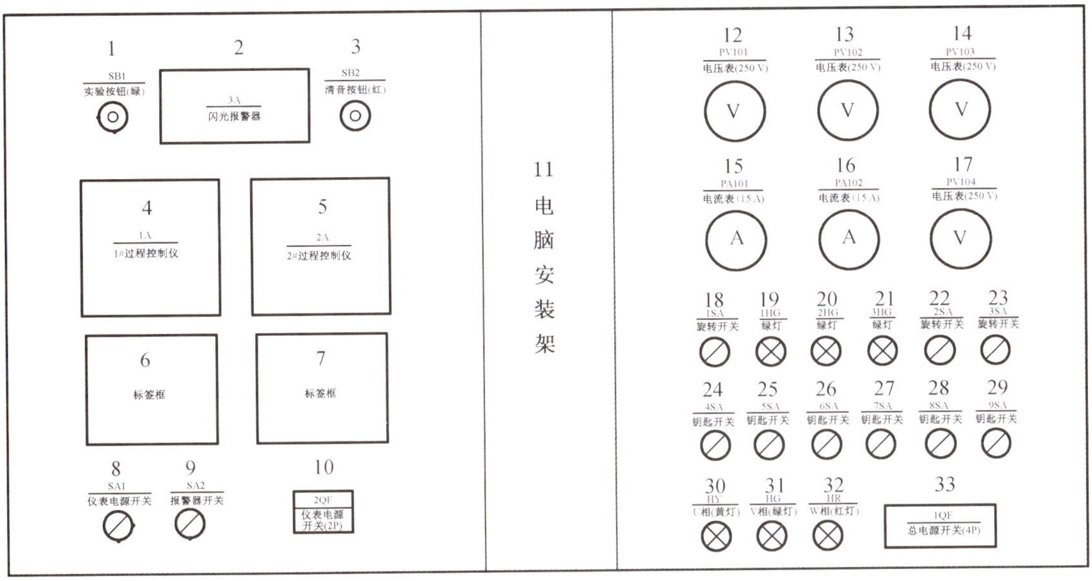

图 8-5 间歇反应釜控制面板示意图

表 8-3 间歇反应釜控制面板对照表

序号	名称	功能
1	实验按钮(绿)(SB1)	切换实验状态
2	闪光报警器(3A)	发出报警信号,提醒操作人员
3	消音按钮(红)(SB2)	消除警报声音
4	1#过程控制仪(1A)	工艺参数的远传显示、操作
5	2#过程控制仪(2A)	工艺参数的远传显示、操作
6	标签框	注释仪表通道控制内容
7	标签框	注释仪表通道控制内容
8	仪表电源开关(SA1)	仪表电源开关
9	报警器开关(SA2)	报警系统电源开关
10	仪表电源开关(2P)(2QF)	装置仪表电源总开关
11	电脑安装架	—
12	电压表(250 V)(PV101)	热水槽加热电压
13	电压表(250 V)(PV102)	反应釜放热模拟加热电压
14	电压表(250 V)(PV103)	热水槽加热电压
15	电流表(15 A)(PA101)	热水槽加热电流
16	电流表(15 A)(PA102)	反应釜放热模拟加热电流
17	电压表(250 V)(PV104)	热水槽加热电压
18	旋转开关(1SA)	进料泵运行电源开关
19	绿灯(1HG)	循环泵运行状态指示
20	绿灯(2HG)	真空泵运行状态指示

表 8-3(续)

序号	名称	功能
21	绿灯(3HG)	电磁阀电源运行状态指示
22	旋转开关(2SA)	中和釜搅拌电机运行电源开关
23	旋转开关(3SA)	反应釜模拟放热运行电源开关
24	钥匙开关(4SA)	进料泵运行电源开关
25	钥匙开关(5SA)	循环泵运行电源开关
26	钥匙开关(6SA)	真空泵运行电源开关
27	钥匙开关(7SA)	电磁阀运行电源开关
28	钥匙开关(8SA)	反应釜搅拌电机运行电源开关
29	钥匙开关(9SA)	热水槽加热运行电源开关
30	U 相(黄灯)(HY)	空气开关通电状态指示
31	V 相(绿灯)(HG)	空气开关通电状态指示
32	W 相(红灯)(HR)	空气开关通电状态指示
33	总电源开关(4P)(1QF)	电源总开关

8.4.1 开车前准备

1. 由相关操作人员组成装置检查小组,对本装置所有设备(如管道、阀门、仪表、电气、照明设备、保温设备等)按工艺流程图要求和专业技术要求进行检查。

2. 检查所有仪表是否处于正常状态。

3. 检查所有设备是否处于正常状态。

4. 试电。

(1)检查外部供电系统,确保控制柜上所有开关均处于关闭状态。

(2)开启外部供电系统总电源开关。

(3)打开控制柜上的总电源开关(4P)(1QF)33。

(4)打开 24 V 电源开关以及仪表电源开关(2P)(2QF)10,查看所有仪表是否上电,指示是否正常。

5. 准备原料。把乙醇和水通过原料进口阀分别加入原料槽 a、原料槽 b 中,至其容积的 1/2~2/3。

8.4.2 开车

8.4.2.1 反应釜的操作

1. 确认热、冷水槽的排污阀(VA30、VA35)处于关闭状态,打开冷却水进水总阀 VA42,分别打开热水槽冷却水进口电磁阀 VA27、冷水槽冷却水进口电磁阀 VA32,向热水槽、冷水槽内加水,至其液位的 1/2~2/3。

注意:热水槽冷却水进口电磁阀 VA27、冷水槽冷却水进口电磁阀 VA32 的开关由两个储槽的液位自动控制,无须手动调节。

2. 启动热水槽加热系统,控制热水槽内热水温度为 90~95 ℃。

3. 确认原料槽排污阀(VA03、VA06)处于关闭状态,将物料 a、物料 b 分别加到原料槽 a、原料槽 b 中,打开冷凝液槽放空阀 VA12、原料槽出口阀(VA01、VA04),启动进料泵,打开进料泵出口阀(VA02、VA05),调节物料 a、物料 b 的流量至 100 L/h,向反应釜内加料。加料 9~10 min(两种原料加入量分别为 16 L 左右),至釜内容积的 2/3 左右(釜内体积为 50 L)。关闭进料泵出口阀(VA02、VA05),停进料泵,关闭原料槽出口阀(VA01、VA04)。

4. 启动反应釜搅拌电机,调节转速至 100~200 r/min,进行物料冷搅拌(根据不同物料体系,由实验指导教师确定冷搅拌时间)。

5. 打开热水槽放空阀 VA29、冷水槽放空阀 VA34、热水槽出水电磁阀 VA31、循环泵进口阀 VA37,启动循环泵,打开循环泵出口阀 VA38 和反应釜夹套进水阀 VA40,对反应系统进行预热。

注意:热水槽出水电磁阀 VA31 的开关由反应釜内温度自动控制,无须手动调节。

6. 待釜内温度高于 50 ℃时,控制反应釜温度,使其恒定。由于反应为放热反应,为模拟反应放热,启动反应釜内加热系统。缓慢升高加热功率,模拟实际放热反应过程。其间可打开冷水槽出水电磁阀 VA36,根据反应釜内温度及反应釜夹套温度调节冷水补充量。

注意:冷水槽出水电磁阀 VA36 的开关由反应釜内温度自动控制,无须手动调节。

7. 当釜内温度高于 50 ℃时,关闭冷凝液槽放空阀 VA12,打开冷凝器冷却水进口阀 VA11,调节其冷却水流量为 200 L/h 左右。

注意:冷凝液槽放空阀 VA12 在操作过程中通常处于关闭状态,当釜内压力偏高时,可以间歇打开阀门排放不凝气。

8. 当冷凝液槽液位高于 1/3 时,打开冷凝液槽出口阀 VA14,进行回流操作,使釜内反应稳定,并调节冷凝液槽出口阀 VA14 的开度,保证冷凝液槽液位的稳定。

注意:当冷凝液槽中的液体不回流时,若其液位一直变化不明显,说明冷凝器内冷却水流量偏小或釜内温度偏低,调大阀门 VA11,或打开热水槽出水电磁阀 VA31,或调大釜内加热功率。

9. 如果釜内温度过高或需要快速降温时,则打开反应釜内蛇管冷却器冷却水进口阀 VA09,向反应釜内通冷却水,进行强制冷却。

10. 根据反应釜夹套出口和夹套温度,从节能角度考虑,可以将反应釜夹套出水循环到热水槽、冷水槽或自循环。

11. 控制釜内温度、压力,使其稳定,冷凝液槽液位稳定,可以认为系统稳定,此时连续反应 2~3 h,通过冷凝液槽排污阀 VA15 取样分析。反应转化率达到要求即反应结束,停止反应釜加热系统和搅拌系统。同时,开釜内强制冷却并将冷凝器冷却水量调到最大,对反应系统降温;打开冷水槽出水电磁阀 VA36,对水浴系统进行降温。

12. 打开产品储槽放空阀 VA25、反应釜出口阀 VA16、产品储槽进口阀 VA24,将反应釜中物料排到产品储槽中。

13. 及时做好操作记录。

【视频 24:间歇反应釜实训操作 1】

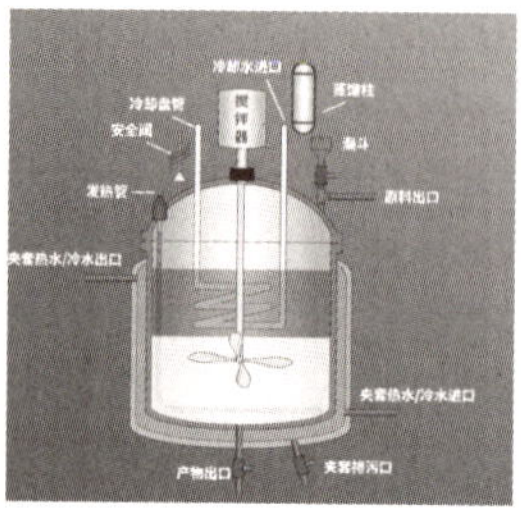

【动画 11:间歇反应釜的工作原理】

8.4.2.2 双釜操作

1. 确认热、冷水槽排污阀(VA30、VA35)处于关闭状态,打开冷却水进口总阀 VA42,分别打开热水槽冷却水进口电磁阀 VA27、冷水槽冷却水进口电磁阀 VA32,向热水槽、冷水槽内加水,至其液位的 1/2~2/3。

注意:热水槽进冷却水进口电磁阀 VA27、冷水槽冷却水进口电磁阀 VA32 的开关由两个储槽的液位自动控制,无须手动调节。

2. 启动热水槽加热系统,控制热水槽内热水温度为 90~95 ℃。

3. 确认原料槽排污阀(VA03、VA06)处于关闭状态,将物料 a、物料 b 分别加到原料槽 a、原料槽 b 中,打开冷凝液槽放空阀 VA12、原料槽出口阀(VA01、VA04),启动进料泵,打开进料泵出口阀(VA02、VA05),调节物料 a、物料 b 的流量至 100 L/h,向反应釜内加料。加料 9~10 min(两种原料加入量分别为 16 L 左右),至釜内容积的 2/3 左右(釜内体积为 50 L)。关闭进料泵出口阀(VA02、VA05),停进料泵,关闭原料槽出口阀(VA01、VA04)。

4. 启动反应釜搅拌电机,调节转速至 100~200 r/min,进行物料冷搅拌(根据不同物料体系,由实验指导教师确定冷搅拌时间)。

5. 打开热水槽放空阀 VA29、冷水槽放空阀 VA34、热水槽出水电磁阀 VA31、循环泵进口阀 VA37,启动循环泵,打开循环泵出口阀 VA38 和反应釜夹套进水阀 VA40,对反应系统进行预热。

注意:热水槽出水电磁阀 VA31 的开关由反应釜内温度自动控制,无须手动调节。

6. 待釜内温度高于 50 ℃时,控制反应釜温度,使其恒定。由于反应为放热反应,启动反应釜内加热系统,缓慢升高加热功率,模拟实际放热反应过程。其间可打开冷水槽出口电磁阀 VA36,根据反应釜内温度及反应釜夹套温度调节冷水补充量。

注意:冷水槽出水电磁阀 VA36 的开关由反应釜内温度自动控制,无须手动调节。

7. 当釜内温度高于 50 ℃时,关闭冷凝液槽放空阀 VA12,打开冷凝器冷却水进口阀 VA11,调节其冷却水流量为 200 L/h 左右。

注意:冷凝液槽放空阀 VA12 在操作过程中通常处于关闭状态,当釜内压力偏高时,可以间歇打开阀门排放不凝气。

8. 当冷凝液槽液位高于 1/3 时,打开冷凝液槽出口阀 VA14,进行回流操作,使釜内反应稳定，并调节冷凝液槽出口阀 VA14 的开度，保证冷凝液槽液位的稳定。

注意：当冷凝液槽中的液体不回流时，若其液位一直变化不明显，说明冷凝器内冷却水流量偏小或釜内温度偏低，调大阀门 VA11，或打开热水槽出水电磁阀 VA31，或调大釜内加热功率。

9. 如果釜内温度过高或需要快速降温时，则打开反应釜内蛇管冷却器冷却水进口阀 VA09，向反应釜内通冷却水，进行强制冷却。

10. 根据反应釜夹套出口和夹套温度，从资源的回收利用角度考虑，可以将反应釜夹套出水循环到热水槽、冷水槽或自循环。

11. 控制釜内温度、压力，使其稳定，冷凝液槽液位稳定，可以认为系统稳定，此时连续反应 2~3 h，通过冷凝液槽排污阀 VA15 取样分析。反应转化率达到要求即反应结束，停止反应釜加热系统和搅拌系统。同时，开釜内强制冷却并将冷凝器冷却水量调到最大，对反应系统降温；打开冷水槽出水电磁阀 VA36，对水浴系统进行降温。

12. 将中和液加到中和液槽，打开中和釜放空阀 VA21、反应釜出口阀 VA16 与中和釜进口阀 VA18，将反应产物排到中和釜内，同时打开中和液进口阀 VA19，将中和液加到中和釜内。

13. 关闭反应釜夹套进水阀 VA40，打开中和釜夹套进水阀 VA39，根据需要向中和釜夹套内进水。

14. 启动中和釜搅拌系统，控制其转速为 80~100 r/min，运行 30 min 左右。打开中和釜排污阀 VA22，取样分析中和产品是否达标，达标即可停止中和釜搅拌系统。

15. 打开产品储槽放空阀 VA25 和中和釜出口阀 VA23，将产品收集到产品储槽。

16. 及时做好操作记录。

8.4.2.3 真空操作

1. 若反应需要真空条件，则在反应前对系统进行抽真空。关闭冷凝液槽放空阀 VA12，启动真空泵，通过调节冷凝液槽抽真空阀 VA13 的开度来调节储槽内真空度，然后通过打开冷凝器出口阀 VA10 或中和釜抽真空阀 VA20 选择抽真空对象。

2. 其他操作步骤参照反应釜操作和双釜操作步骤。

8.4.3 停车

8.4.3.1 反应釜和双釜停车

1. 关闭反应釜内加热系统。

2. 开启釜内蛇管冷却器冷却水进口阀 VA09，调节冷凝器冷却水进口阀 VA11 的开度，使冷却水量最大。

3. 开启冷水槽出口电磁阀 VA36，对水浴系统降温。

4. 待反应釜系统温度小于 40 ℃时，关闭反应釜内蛇管冷却器冷却水进口阀 VA09 和冷凝器冷却水进口阀 VA11。

5. 当水浴系统温度小于 40 ℃时，关闭循环泵出口阀 VA38，停止循环泵，关闭循环泵进口阀 VA37。

6. 开启热、冷水槽的排污阀（VA30、VA35），排放热、冷水槽中的水。

7. 关闭产品储槽放空阀 VA23。产品储槽内的产物视实际情况由实验指导教师决定怎样处理。

8. 进行现场清理，保持各设备、管路的洁净。

9. 及时做好操作记录。

8.4.3.2　真空停车

1. 关闭反应釜内加热系统。

2. 开启釜内蛇管冷却器冷却水进口阀 VA09，调节冷凝器冷却水进口阀 VA11 的开度，使冷却水量最大。

3. 开启冷水槽出口电磁阀 VA36，对水浴系统降温。

4. 待反应釜系统温度小于 40 ℃，关闭强制冷却和冷凝器冷却水进口阀 VA11。

5. 当水浴系统温度小于 40 ℃时，关闭循环泵出口阀 VA38，停循环泵，关闭循环泵进口阀 VA37。

6. 当系统温度降到 40 ℃左右时，缓慢开启冷凝液槽放空阀 VA12，破除真空，系统回复至常压状态。

7. 开启热、冷水槽的排污阀（VA30、VA35），排放热、冷水槽中的水。

8. 关闭产品储槽放空阀 VA23。产品储槽内的产物视实际情况由实验指导教师决定怎样处理。

9. 进行现场清理，保持各设备、管路的洁净。

10. 及时做好操作记录。

【视频 25：间歇反应釜实训操作 2】

8.4.4　正常操作注意事项

1. 注意控制好反应釜内温度，以及温度连锁控制。

2. 控制好反应釜压力，当压力异常时，调节相应阀门进行控制。

3. 当反应釜内温度过高时，蛇管内要及时通入冷却水进行强制冷却。

4. 反应釜内要通入氮气进行保护，为确保能通入物料，要对反应釜进行抽真空。

8.4.5　设备维护及检修

1. 检查离心泵、真空泵的开、停，正常操作及日常维护。

2. 掌握反应釜的构造、工作原理、正常操作及维护。

3. 掌握换热器的构造、工作原理、正常操作及维护。

4. 掌握主要阀门（电磁阀、减压阀等）的位置、类型、构造、工作原理、正常操作及维护。

5. 掌握各种温度、流量、压力、液位传感器的测量原理；温度、压力、液位显示仪表及流量控制仪表的正常使用。

6. 不同形式搅拌器的结构、原理、操作方式。
7. 定期组织学生进行系统检修演练。

8.4.6 异常现象及处理

间歇反应釜实训装置异常现象及处理见表 8-4。

表 8-4 间歇反应釜实训装置异常现象及处理

序号	异常现象	原因分析	处理方法
1	反应的温度、压力急剧上升	原料计量不准或助剂计量不准;循环泵跳闸;搅拌失灵跳闸	釜夹套、釜内盘管通入大量冷却水降温;终止反应并出料
2	反应物形态异常	助剂配比不准,原料计量不准	调整配方、准确计量
		搅拌桨松动	调整搅拌桨,充分搅拌
3	反应时间过长	助剂部分失效	更换合格助剂或选用高效助剂

8.4.7 正常操作中的故障扰动(故障设置实训)

在反应釜实训正常操作中,教师给出隐蔽指令,通过不定时改变某些阀门的工作状态来扰动反应釜系统正常的工作状态,分别模拟出间歇反应釜实际生产过程中的常见故障。学生根据各参数的变化情况、设备运行异常现象,分析故障原因,找出故障并动手排除故障,以提高对工艺流程的认识度和实际动手能力。

1. 回流温度异常:在反应釜实训正常操作中,教师给出隐蔽指令,改变冷却水进口的工作状态(冷却水进口电磁阀断开)。学生通过观察冷凝液槽压力、温度等参数的变化情况,分析引起系统异常的原因并做处理,使系统恢复到正常操作状态。

2. 反应釜压力异常:在反应釜实训正常操作中,教师给出隐蔽指令,改变反应釜上升蒸汽的工作状态(反应釜进口电磁阀断开)。学生通过观察反应釜的压力和温度、冷凝液槽的液位和温度的变化,分析系统异常的原因并做处理,使系统恢复到正常操作状态。

8.5 实训报告要求

1. 简述间歇反应釜实训的目的及任务、原理、操作过程。
2. 以小组为单位填写间歇反应釜实训记录表(表 8-5)。

表 8-5 间歇反应釜实训记录表

工艺参数	记录项目	1	2	3	4	5	6	7	8
	时间/min								
流量 F/(L·h⁻¹)	原料槽 a 流量								
	原料槽 b 流量								
	冷凝器冷却水流量								
液位 L/mm	原料槽 a 液位								
	原料槽 b 液位								
	冷凝液槽液位								
	中和液槽液位								
	产品储槽液位								
	冷水槽液位								
	热水槽液位								
温度 T/℃	反应釜内温度								
	反应釜夹套现场温度								
	反应釜内远传温度								
	冷凝液温度								
	冷凝器冷却水出口温度								
	反应釜夹套出口温度								
	中和釜内温度								
压力 P/MPa	反应釜内压力								
	冷凝液槽压力								
	中和釜压力								
	自来水总进口压力								
反应记录	反应时间/h								
	原料槽 a 加入质量/kg								
	原料槽 b 加入质量/kg								
	中和液槽加入质量/kg								
操作记事									
异常记录									

操作学生：

指导教师：

实训日期：

参考文献

[1] 唐谟堂. 火法冶金设备[M]. 长沙:中南大学出版社,2003.

[2] 唐谟堂. 湿法冶金设备[M]. 长沙:中南大学出版社,2004.

[3] 李继东,宁哲,王一雍,等. 有色金属冶金学实验教程[M]. 北京:冶金工业出版社,2019.

[4] 陈利生,余宇楠,徐征. 火法冶金生产实训[M]. 北京:冶金工业出版社,2013.

[5] 陈利生,余宇楠,徐征,等. 湿法冶金生产实训[M]. 北京:冶金工业出版社,2014.

[6] 蒋维钧,戴猷元,顾惠君. 化工原理(上册)[M]. 3 版. 北京:清华大学出版社,2009.

[7] 张松斌. 化工设备[M]. 北京:化学工业出版社,2017.

[8] 郭年祥. 有色冶金化工过程原理及设备[M]. 2 版. 北京:冶金工业出版社,2008.

[9] 邱竹贤. 有色金属冶金学[M]. 北京:冶金工业出版社,1988.

附录　C3000 操作说明

1. 名称与功能

器件名称：C3000 过程控制器，其外形图如附图 1 所示。

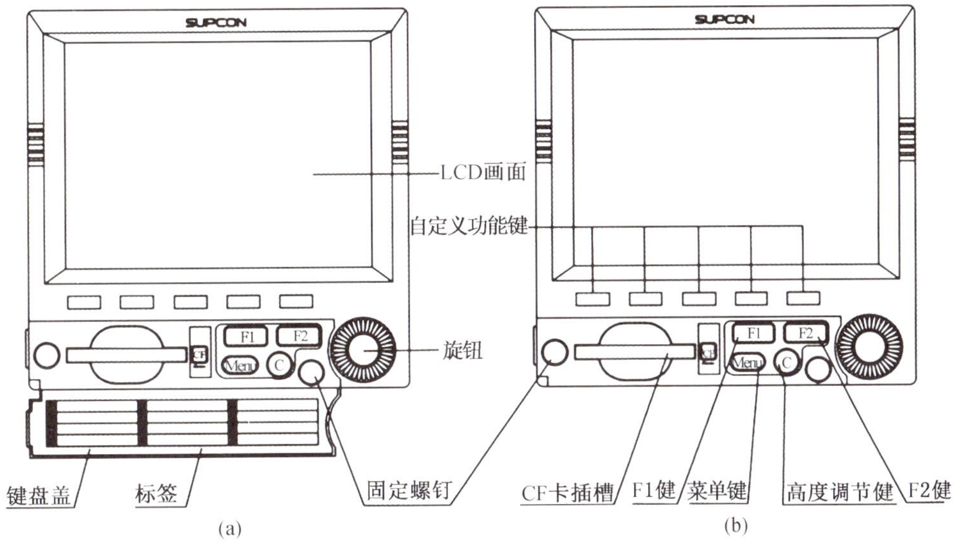

附图 1　C3000 过程控制器外形图

器件功能：显示控制实验参数。

2. 实验常用操作方式

（1）开机。

①打开“总电源”开关，三相指示灯全亮。

②打开“仪表电源开关”，进行仪表设定；在任意监控画面中，长按旋钮，弹出导航菜单，如附图 2 所示。

③将旋钮键向下旋转至“控制”项，按下旋钮键，即可进入控制回路。

（2）通过旋钮选择要操作的控制回路，如位号 FICX01（回路位号画面位置如附图 3 所示，*X* 根据装置不同，编号为 1～4，如 FIC104），被选中的回路位号将以反色显示。

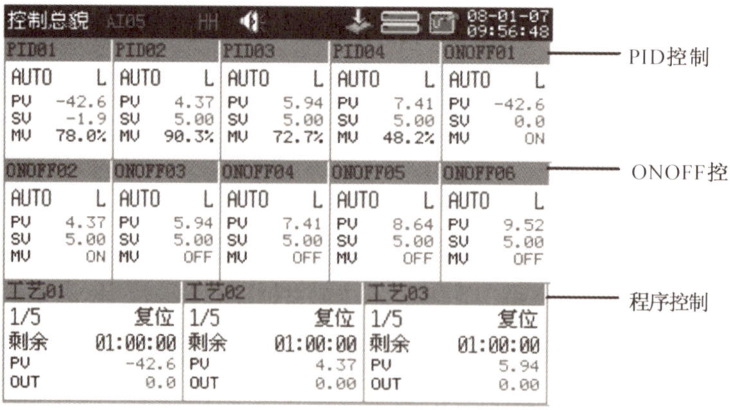

附图2　导航菜单

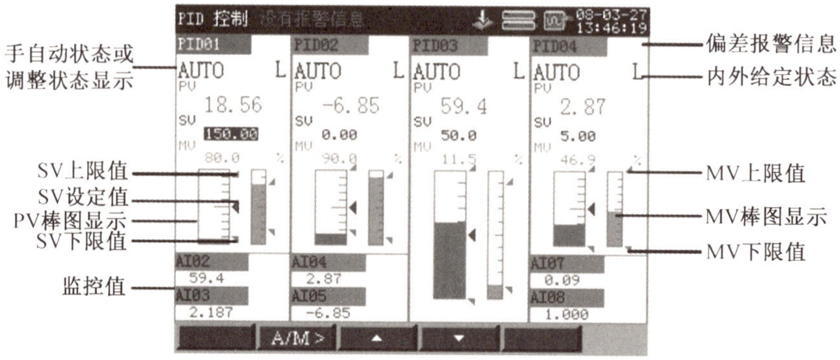

附图3　回路位号画面

①手动控制：若回路中“手自动状态”项显示“MAN”，此时为手动控制，此时通过[▲]键和[▼]键改变“MV”值（即调节开度），至实验需要的流量。在按[▲]键和[▼]键的同时按下[..■]键，可快速改变数值。等流量逐渐稳定在实验流量时，可以转为自动状态。

②自动控制：需长按[A/M＞]键切换回路至自动状态。自动状态时回路中“手自动状态”项显示“AUTO”，此时通过[▲]键和[▼]键改变“SV”值（即设定变量），至实验需要的流量。在按[▲]键和[▼]键的同时按下[..■]键，可快速改变数值。

（3）待“PV”值即测量值稳定后，长按旋钮，弹出导航菜单，选择“总貌”项，返回实验画面记录数据。

（4）重复以上操作步骤，即可不断改变实验参数。

注：本操作规程为通用版操作说明，教师可根据实际情况进行修改。